"娇宠"心理的语言学与伦理学

「甘え」の言語学と倫理学

黄 萍 著

浙江工商大学出版社
ZHEJIANG GONGSHANG UNIVERSITY PRESS

·杭州·

图书在版编目(CIP)数据

"娇宠"心理的语言学与伦理学 / 黄萍著. —杭州：
浙江工商大学出版社,2021.1

ISBN 978-7-5178-4213-2

Ⅰ. ①娇… Ⅱ. ①黄… Ⅲ. ①道德—关系—语言—研
究 Ⅳ. ①B82-055.9

中国版本图书馆 CIP 数据核字(2020)第256596号

"娇宠"心理的语言学与伦理学
"JIAOCHONG" XINLI DE YUYANXUE YU LUNLIXUE

黄 萍 著

责任编辑	鲁燕青　王　英
封面设计	林朦朦
责任印制	包建辉
出版发行	浙江工商大学出版社
	(杭州市教工路198号　邮政编码310012)
	(E-mail: zjgsupress@163.com)
	(网址:http://www.zjgsupress.com)
	电话:0571-88904980,88831806(传真)
排　　版	杭州朝曦图文设计有限公司
印　　刷	浙江全能工艺美术印刷有限公司
开　　本	880mm×1230mm　1/32
印　　张	7.375
字　　数	184千
版 印 次	2021年1月第1版　2021年1月第1次印刷
书　　号	ISBN 978-7-5178-4213-2
定　　价	32.00元

序　一

　『「甘え」の構造』が世に産声をあげたのはほぼ半世紀前の
1971年である。著者土居健朗は、「桃太郎の鬼退治」伝説に準
え、若者の行動の意味とその精神構造を「甘え」の観点から詳ら
かにした。その解釈は多くの人々から支持され、色々な出来事
を「甘え」に結びつけて考える社会風潮を生み出した。その後
も同書の人気は衰えることなく、毎年春先になると新入生や新
入社員向けの必読書として扱われた。しかし、今日では世相も
すっかり変わり、「甘えるな！」というような上から目線の論調
は時代遅れになりつつある。そのため同書は以前ほど読まれ
なくなっているし、また学界でも新たな観点から「甘え」を取り
上げた研究が求められている。

　その意味で今回黄氏が外国人の立場から「甘え」を取り上げ
られたのは時宜に適っている。黄氏はお子さんのご出産を機
に「甘え」に興味を持たれたそうであるが、母子関係は土居の
「甘え」論でも中核をなす。その一方で、「甘え」は「生」の躍動に
応じた根源的な欲求であり、ごく自然なものである。この「生」
の欲求が「甘え」として刻印されるのは、母親との強力な絆が断
たれ、子どもが社会の中で独り立ちさせられるときである。こ
こで子どもは、自力で社会的な試練に打ち勝つよう励まされ
る。その際に必要になるのは自立や克己である。しかし、この
段階に至っても「生」の欲求が穏当に抑制されなければ「甘え」
として刻印される。「生」の欲求が「甘え」となるかどうかは社会

的なコンテクストに依存する。その意味からすると「甘え」は社会的概念である。

　土居の「甘え」論では精神医学や心理学の観点からの分析が中心である。そのため「甘え」の価値判断が問題にされることはない。とりわけ文学から「甘え」の題材を採っている場合には、価値判断の挿入を控えている。しかし黄氏が言語学的並びに心理学的な観点に加え、倫理学的な観点からも「甘え」を取り上げる場合には、「甘え」の価値判断を避けては通れない。「甘え」は、これまで責任感や社会性を著しく欠いた人間に適用された。例えば、無責任な振る舞いをして社会に多大な迷惑をかけた者が免責を求める場合に「甘えた」「見さげはてた」態度として一蹴される。子どもなら赦されても大人は赦されない。「甘え」が潜むことは未成熟な大人の証左である。この裏に社会生活においては可能な限り「甘え」ない方がよいという含みがある。「甘え」をこの方向で捉える限りその積極的意義を見出すのは困難である。

　本書に意義があるとすれば、黄氏がこうした「甘え」の限界を超え、その意義を模索している点である。そのためにはいかなる人間関係において「甘え」が求められ、許されるのかを検討する必要がある。「甘え」の混入は利益社会では割高になるが、共同社会では親愛や親睦を深めるために不可欠である。この社会では「間柄」的な人間関係が基礎になっている。黄氏は和辻倫理学からその示唆を受け、この方向で「甘え」が成り立つ基盤を考察している。ここに黄氏の慧眼を見て取ることができる。

　最後に、今後期待される課題に言及しておく。グローバル化が進行する今日、「甘え」の倫理的意義を深化させようとすれば、「甘え」の文化的なコンテクストをどう捉えるかが重要になる。心理学的な観点からすると、「甘え」は全人類に共通する普遍的な現象として捉えられる。しかし倫理学的な観点からす

ると、社会的枠組み如何で「甘え」の評価は大きく揺れ動く。当
然のことながら、日本人と中国人とでは「甘え」の評価も異なる
はずである。その点をふまえれば、中国人特有の「甘え」文化論
を創出できるのではないかと思う。黄氏にはこの方面での研
究深化を期待してやまない。

広島大学名誉教授　松井富美男

2020年10月吉日

序　二

　　黄さんが広島大学客員研究員として燕山大学から倫理学研
究室の松井富美男教授のもとに派遣された際、私は同研究室の
教員として彼女に初めて出会った。黄さんは私の授業にも参
加し、その聡明で謙虚な姿が印象に残っている。その後、黄
さんは博士課程に入学し、松井教授に指導を受け、松井教授の
退職後は、私が彼女の博士論文指導を引き継ぎ、博士論文審査
の主査を務めることになった。上梓された本書は黄さんが広
島大学で研究した「甘えの言語・倫理学的研究」の成果であり、
それは彼女の真摯な学問的努力の果実といえる。以下、黄さん
の博士論文の研究概要を指導教員として記すことで、本書の学
問的な意義を示唆したい。

　　本研究は、日本人の心理特性と深い関係がある「甘え」に焦点
を当て、言語分析並びに倫理学的考察を通してその心理や人間
関係の構造を解明したものであり、序章と第一部「甘え」の言語
的考察、第二部「甘え」の倫理的概念に関する考察、第三部「甘
え」の倫理学的意義と結章からなる。

　　序章では、土居健郎の「甘え」論を分析することで、本論考察
の指標となる四つの観点、健康的な「甘え」と病的な「甘え」の区
別、「甘え」の音韻における神話的起源、「甘え」がもつ生の意
欲・非合理な身体性・純粋な子ども性を浮き彫りにした。

　　第一部においては、第一章で「甘え」の起源が母子間の感情か
ら対人関係一般に拡張されることや、「甘え」が自他一致を目指

す情緒的・非論理的心理根差すことを明らかにし、第二章では「甘え」の語に先行する同根の形容詞「甘い」の語源的解釈と音韻・音声学的考察を通し、「甘え」の心理上の原型が乳児による乳や母への憧憬・現実界の美味への人間の感動・天上界への人間の感嘆賛美にあることを示し、第三章では先行研究にある「甘え」と関係のある一連の語彙のクラスター分析の結果を新たな視点から考察し、第四章で「甘え」概念の新たなコード化（双方向・一体感・依存・期待・自制）を行った。先行研究をふまえ「甘え」概念の新たなコード化を示し得た点は評価に値する。

第二部では、第五章で、「甘え」と自己愛や欲求としての愛との関係について明らかにし、第六章ではアリストテレスの説くフィリア（友愛）が有する好意性・均等性・交互性・協和性・卓越性と「甘え」の親和性を示し、第七章では他者欲求が満たされないことによって生じる孤独感と一体感への欲求を伴う「甘え」の感情との類似性を指摘した。「愛」や「孤独」という哲学・倫理学の知見から「甘え」の構造を描出した点は評価に値する。

第三部では、日本的人間関係を倫理学的に解説する和辻哲郎の理論を取り上げ、その倫理的意義を「人間（じんかん）論」（第八章）、「間柄」論（第九章）、「生の哲学」（第十章）の視点から考究した。これらの考察を通し、「個―社会」「心―体」「人―自然」「自己―他者」「特殊―普遍」を分断的にみる多くの西洋思想に対し、日本的な主客関係では、それらの分断が主体における普遍内在的な統一連関の内に解消・総合されることを指摘した。加えて、この見方に基づけば、「甘える―甘えさせる」関係の内にも、個別の特殊意識が「間柄」的関係を介して具体的普遍を実現するという倫理的理法が確認され、この自立した相依関係としての「行為的連関」こそが日本的関係論の特徴であるとの主張は独創的で評価に値する。

　結章においては、知性の肥大化に伴う生の抑圧と心身問題に対し、それを解決する方途として、乳幼児期における周囲(母など)への存在信頼に加え、生の根源に根差す身体や意欲を介した大いなる実在への一体化という機能を有する日本的「甘え」の有効性が示された。

　以上が本研究の特筆すべき学問上の意義となる。

　私たちは、黄さんが日本語・日本思想研究者として、燕山大学と広島大学との学術交流、さらに広くは中国と日本とをつなぐ学問的な交流の架け橋的存在として今後活躍されることを期待している。

広島大学教授　衛藤吉則

2020 年 10 月 3 日

凡　例

　一、注はページごとに脚注で記す。

　二、直接引用文は「」に入れて表記する。専用名詞や特定される言葉も「」で括る。例えば、「甘え」「自己愛」「健康的甘え」「屈折した甘え」「自己愛的甘え」などである。

　二、直接引用文は、引用文献の原文表記のままに採用する。殊に、旧字体や異体字（繁体字）が使用された場合、新字体や簡体字などに変換せず、そのままに用いる。ただし、筆者がそれらの言葉を利用して論述する際、現代日本語表記を採用する。

　四、『古事記』『日本書紀』『万葉集』による引用文は、現代語訳バージョンを問わず、「〇巻〇首」のみ記す。なお、記紀万葉の引用文中、古代日本語の表記については振り仮名をつける。例えば、「伊邪那岐命(イザナギのミコト)」「伊邪那美命(イザナミのミコト)」「古(いにしへ)に天地未(あめつちいま)だ剖(わか)れず」のように記す。

　五、直接引用文は、そのまま内容を引用したため、出典を「〇頁」として明記する。内容を要約した間接引用文は、「〇頁参照」として記す。

　六、引用文を中略する際、中略のところは「……」で示す。

　七、括弧による文意の補足は、なるべく避けてあるが、やむを得ず、（）、〈〉、［］の三種類の括弧を使用している。（）では、説明的補足や換言を示す。筆者のオリジナリティな文章やキーワードとして強調したい単語や文章は、「」で括った引用文と区別するために、〈〉の括弧によって記す。（）の括弧と〈〉の括弧にさら

に補足を加える場合、[ ]の括弧で追記する。

　八、言葉間や数字間の連結符号として、「—」を使用する。例えば、「和辻—ニーチェ」「一方向—双方向」「自己—他者」「12—16」といったように示す。

目　次

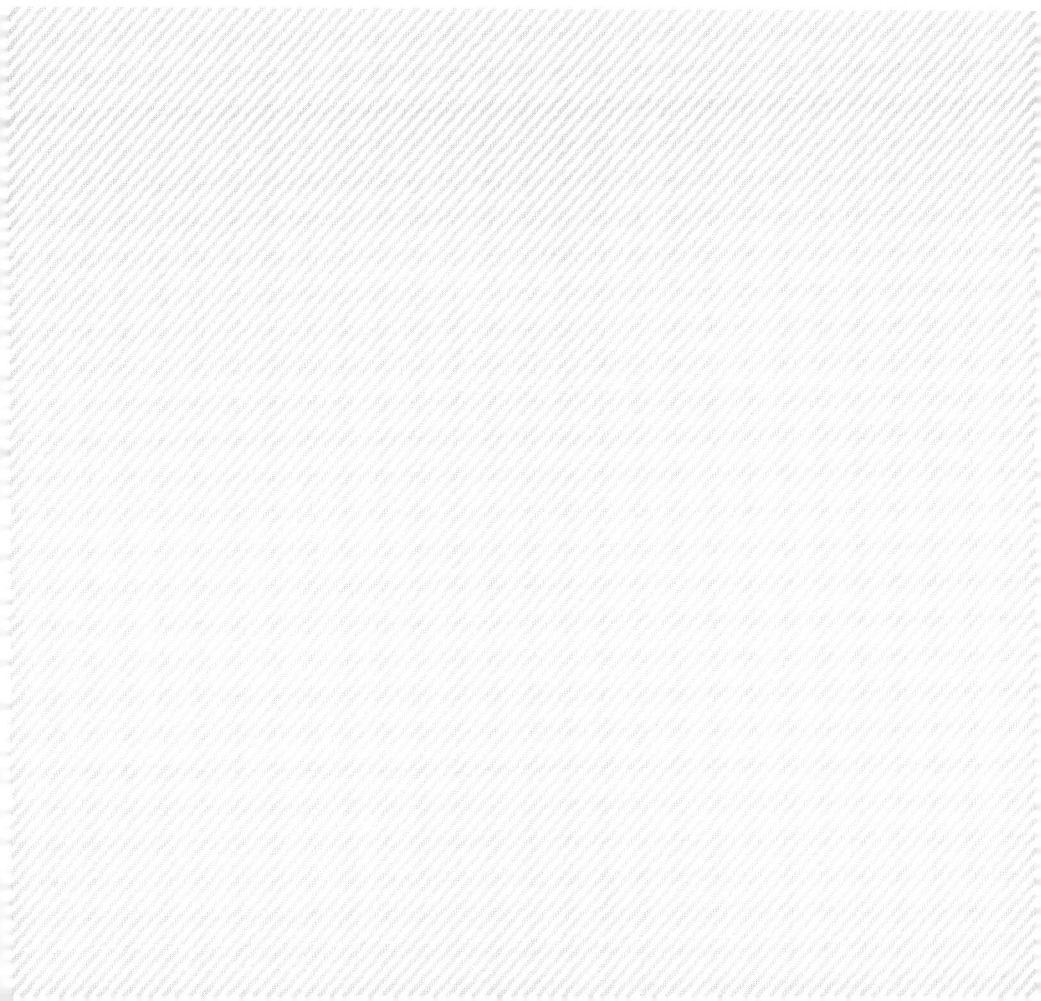

序 章

　本書は、日本人の心理や人間関係の特徴を示す概念として議論される「甘え」について、言語学や哲学・倫理学の知見をふまえ、その今日的意義を考究するものである。その際、考察の軸に据えるのが土居健郎①（どい　たけお、1920—2009）の「甘え」論である。

　その土居は、日本人の心理特性を分析した『「甘え」の構造』の著者として広く知られる。彼は、アメリカ留学中の文化体験と精神科医としての臨床経験をふまえ、「甘え」が日本人の心性と深い関係があることに気付き、「甘え」論を構築した。

　土居は、「甘え」の本源的な意味を、狭義には「本来乳児が母親に密着することを求めること」②に、広義には「人間存在に本来つきものの分離の事実を否定し、分離の痛みを止揚しようとすること」③に見出す。しかも、その営みは、「自意識なしに自然的

①　土居健郎、精神医学者。東京帝国大学医学部卒業。東大医学部精神科、聖路加国際病院精神科を経て、東大医学部教授、国際基督教大学教授、国立精神衛生研究所所長などを歴任。精神医学の臨床家また教育者として、精神病理学、精神分析研究の水準を飛躍的に高めることに貢献。特に日常語の分析を中心に据えた学問的業績は日本の精神医学界が誇るべき財産として評価されている（『土居健郎選集』より）。著書：『「甘え」の構造』（1971年、2001年）、『「甘え」の雑稿』（1975年）、『漱石の心的世界』（1982年）、『表と裏』（1985年）、『「甘え」の周辺』（1987年）、『「甘え」さまざま』（1989年）、『「甘え」の思想』（1995年）、『ホイヴェルス神父のことば』（1986年）、『続「甘え」の構造』（2001年）（以上弘文堂）、『土居健郎選集』（全8巻、岩波書店、2000年）、その他専門書等多数。
②　『「甘え」の構造』（弘文堂、2001年）105頁。
③　『「甘え」の構造』、106頁。

に行われる」①ものと理解された。すなわち、土居論では、乳児がもともと母親の胎内に位置づいていたときに感じた一体感を、あるいはその後の実体的な分離を心的に再結合しようとしている心の動きを、「甘え」とする。そのような「甘え」は、乳児に自然に発生し、その後も精神発達に伴って深層に位置づき、成人までそして成人以後も続いていくとされる。そのことを土居は、「人間の健康な精神生活に欠くべからざる役割を果たしている」②と主張している。

　しかし、土居の『「甘え」の構造』は広く注目されたものの、出版以降、そうした見方に対して疑義や否定的な見解も多く出された（第一部第四章参照）。批判の論点は大きく二つに分けることができる。一つは「甘え」の是非に関する土居の価値判断であり、いま一つは「甘え」の言語的起源についての土居の解釈である。

　まず、第一の批判は、具体的には、土居論で「甘え」の善し悪しが判明できないため、「健康的な甘え」と「病的な甘え」を区別すべきという指摘である③。そうした批判に対し、土居は「そのどちらにも『甘え』の一語が通用することに事の本質が透けて見える」④と回答している。つまり、「病的な甘え」は本源的な意味で甘えられないことによる結果として生じているというのである。そして、そのことの問題性について土居は、現代におけ

---

① 土居健郎『続「甘え」の構造』（弘文堂、2001年）106頁。なお、本書中の「自意識なし」のような傍点は筆者により付けられたものである。以後、説明を省略とする。
② 『続「甘え」の構造』、107頁。
③ 日本の社会心理学者・文化人類学者である我妻洋がNHKの「現代文明展望」と題したシンポジウムのために、土居健郎をインタビューした際の指摘。それは土居健郎の著書『「甘え」の周辺』に収められている「我妻洋との対談」という一節に当たる。
④ 『続「甘え」の構造』、117頁。

る「心を病む者」の激増①は、「本当の甘えが育たない」ことに起因する②、と記述する。

　また、土居は、「人間は本来幼年時代に甘えることで人間関係に組み込まれ、甘えながら信頼を学び、次いで社会で自立するに至る」③と考えている。しかし、「現代の子どもたちはもはや無邪気に無心に親に甘えることができない」④。それがために、「人間関係の基本に信頼や安心が欠けている」⑤。しかも、この「甘えたい」という根本衝動の反動としての「甘えたくても甘えられない」という抑圧された欲求は、心の表に出せず、深層に「つのり」「潜航する」⑥という。それが「いろいろ悪さをする」⑦というわけである。土居によれば、現代人の精神的病のほとんどは、このように、「愛されたいという元来の願望が人生の初期に打撃を蒙った」⑧ことに起因し、この「初期の外傷的経験が精神内部で加工された結果」⑨とされる。ここでは、「甘え」という根源的な「欲望の歪曲」こそが心の歪みの「中心的な役割を演ずる」⑩とされる。

　次に、第二の批判の対象とされ、土居による「甘え」の語源的記述について見ていこう。

　土居は「甘え」の語源について、「素人の大胆な空想」⑪という

---

① 『続「甘え」の構造』、125頁。
② 『続「甘え」の構造』、124頁。
③ 『続「甘え」の構造』、130頁。
④ 『続「甘え」の構造』、129頁。
⑤ 『続「甘え」の構造』、125頁。
⑥ 『続「甘え」の構造』、125頁。
⑦ 『続「甘え」の構造』、129頁。
⑧ 『続「甘え」の構造』、164頁。
⑨ 『続「甘え」の構造』、164頁。
⑩ 『続「甘え」の構造』、164頁。
⑪ 『「甘え」の構造』、102頁。

前置きをした上で自説を展開している。彼はまず、言語学的に「甘し」が「旨し」に通じることから、「甘え」の語幹である「アマ」が「幼児語のウマウマと関係がある」①と見る。さらに、土居はこの語の古代における使用について、「古代人にとって幼児と成人の区別といったような知的判断は無縁のものであった」ため、「彼らはむしろこの際言葉に盛られた感動の方を重視したのではなかろうか」と推察する②。

では、「アマ」に込められた感動とは何を意味するのか。土居は、それを、「乳を恋うことに示される憧憬である」③と回答している。しかも、古代人にとってその憧憬は乳を恋う場合に限定されず、同様の憧憬を「彼らに恵みを与えるすべてのもの」④に向けられたのではないかと土居は想像する。それゆえ、この語の究極の語源を、「甘えのアマは天のアマ、枕詞ともなったアマと同じではないか」⑤と見るのである（一般に、枕詞としてのアマは、「天、空、高天原に関する事物や神」を示し、アマテラスという母性的な神に関連すると見られる）。そして、「アマ」の語源を「天のアマ」に見出す根拠について、土居は次のように付加的に解説する。

「古代日本人にとって天は畏るべきもの、地から隔絶したものではなく、われわれにもっぱら恵みをもたらすものであったと考えられるからである」⑥とする。

以上のように、土居は、「甘え」を原初的には人間の自然の感情の発露と見る。そうした土居の「甘え」理解は、さらに、自然

---

① 『「甘え」の構造』、102頁。
② 『「甘え」の構造』、103頁。
③ 『「甘え」の構造』、103頁。
④ 『「甘え」の構造』、103頁。
⑤ 『「甘え」の構造』、103頁。
⑥ 『「甘え」の構造』、103頁。

の感情の表出としての身体の意義に向かう。彼は、自然の感情
表出は身体そのものが自ら自然に発動する感動であると述べ
る。それは、善し悪しで分けるものではなく、むしろ自然とし
て尊重されるべきものと考えられた。

　前述したことをふまえるとき、土居の説く「甘え」は、乳幼児
のような無邪気で無心な存在への信頼や、一般に非合理とされ
る身体そのものから発露する自然の感情（生の欲求）に根差す
ものであることが理解される。

　しかし、このことは同時に、土居論批判の根拠ともされる。
では、このような理論を持つ土居の「甘え」論は、学問的な意義
を持たないといえるであろうか。哲学史をみれば、土居の言う
「生の意欲」「非合理な身体性・欲望」「純粋な子ども性」に注目
する哲学者が存在する。それは、「生の哲学」として位置づけら
れるフリードリヒ・ヴィルヘルム・ニーチェ（Friedrich
Wilhelm Nietzsche、1844—1900）であり、その思想を日本で倫理
学的考察において重要視した人物が和辻哲郎（わつじ　てつろ
う、1889—1960）である。

　本研究の課題である「甘え」は、元来、日本的な心性や人間関
係の内に求められたものであるため、それを倫理学の観点から
吟味するには「生の哲学」を説く日本の倫理学者和辻哲郎の論
稿を読み解くことが有効であるように思われる。この、「甘え」
論を日本倫理学の視点から読み解き、今日的意義を提示すると
いう研究方法こそが本書の独自性であり、「甘え」論研究で嚆矢
となるアプローチといえる。

　「甘え」に関する国内外の研究としては次のものがある。

　中国では、尚会鵬、李朝輝と杜勤の研究が代表として挙げら
れる。尚会鵬（1997）は日本で土居健郎との面会講談を通し、
「甘え」理論を十分に理解した上で、《土居健郎的“嬌寵”理論与
日本人和日本社会》（『土居健郎の「甘え」理論と日本人と日本文

化』)^①を『日本学刊』に発表した。彼は「文化心理としての『甘え』」「人間関係モードとしての『甘え』」「社会体制としての『甘え』」の三つの切り目から「甘え」が日本人や日本社会を観察する重要なキーワードであると指摘している。李朝輝(2006)は《言外之意与日本人的嬌寵心理》(『言外意味と日本人の「甘え」心理』)において、自己の主張や意見などをはっきりした言葉で示さず、それ以外の意味や言外の意味を相手に頼って理解してもらう心境に「甘え」心理が働いていると論じ、言語の理解が究極において文化の理解であり、文化に制約されていると記述している。そして、杜勤(2012)は《「遠慮・察し」式的交際方式——以「甘え」的心理分析为中心》(『遠慮・察し』式コミュニケーション—「甘え」の心理分析を中心に—』)において、「甘え」心理が日本の「遠慮・察し」式のコミュニケーションの誕生土壌と日本人の精神意識の内奥に位置づくとした。加えて、杜勤(2012)は、「甘え」の漢訳についても言及している。彼によれば、尚会鵬(1998)が《中国人与日本人》(『中国人と日本人』)においてつけた「甘え」の漢訳語である"嬌寵(撒嬌,寵愛)"と盛邦和(1997)が《透視日本人》(『日本人を見抜く』)においてつけた"嬌情"という漢訳語は「甘え」の意味要素をすべて反映しておらず、中国語に「甘え」に完全に対応できる語がないと指摘する。

　日本では『「甘え」の構造』が刊行されて以来、主に「甘え」の定義が議論されてきた。木村(1972)がその代表である。それ以後は主に心理学的アプローチからの研究で、「甘え」の概念や構成要素及び人間の心身発達の視点から探求されている。こうした研究には、Kato(1995)や高松・加藤(2001)、稲垣(2005、2007)などが挙げられる。

　欧米は、そもそも独立自主文化を重んじるためか、日本語の

---

① 本書における訳文はすべて筆者訳である。

「甘え」に直接該当する単語がない。「甘え」との関連語でいえ
ば、「belonging（密接な間柄）」にかかわる言及は見出せるが、本
書で取り上げた「甘え」論に直接該当するものは見出せない。

　加えて、土居に代表される「甘え」論議に対し、李御（2007）寧
が韓国における「甘え」要素の存在を理由に、日本文化と「甘え」
論の関係を相対視することの重要性を示唆していることが確
認できる。李は『「縮み」志向の日本人』（2007年）において、日本
語の「甘え」に対応できる韓国語が多数存在することを指摘し、
「甘え」という感性自体が日本独特でないと反論している。

　ただし、李の主張は土居や和辻が展開する日本的な主客一元
的関係論をふまえておらず、日本的な「甘え」の本質を理解する
に及んでいないものと判断される。

　以上の先行研究に総じていえることは、これらの研究は主に
心理学の視点からの「甘え」論への言及であり、本書がとる言語
学や倫理学的な観点から「甘え」を総合的に考究するアプロー
チは本研究が嚆矢である。

　本書では、具体的に次の段階を経て進めていく。まず、第一
部において、土居の「甘え」論を概観した上で、「甘え」に関する
言語学上の議論を整理・考察し、第二部では、「甘え」に関する
倫理的概念を愛・人間関係・孤独の観点から見ていき、第三部
においては、和辻哲郎の「人間論」「間柄論」「生の哲学」の観点を
通して「甘え」の倫理学的意義を、それぞれ考究する。これらの
考察を経て、「甘え」の言語学・倫理学上の意味が明らかになり
、その現代的意義を示される予定である。

第一部

「甘え」の言語的考察

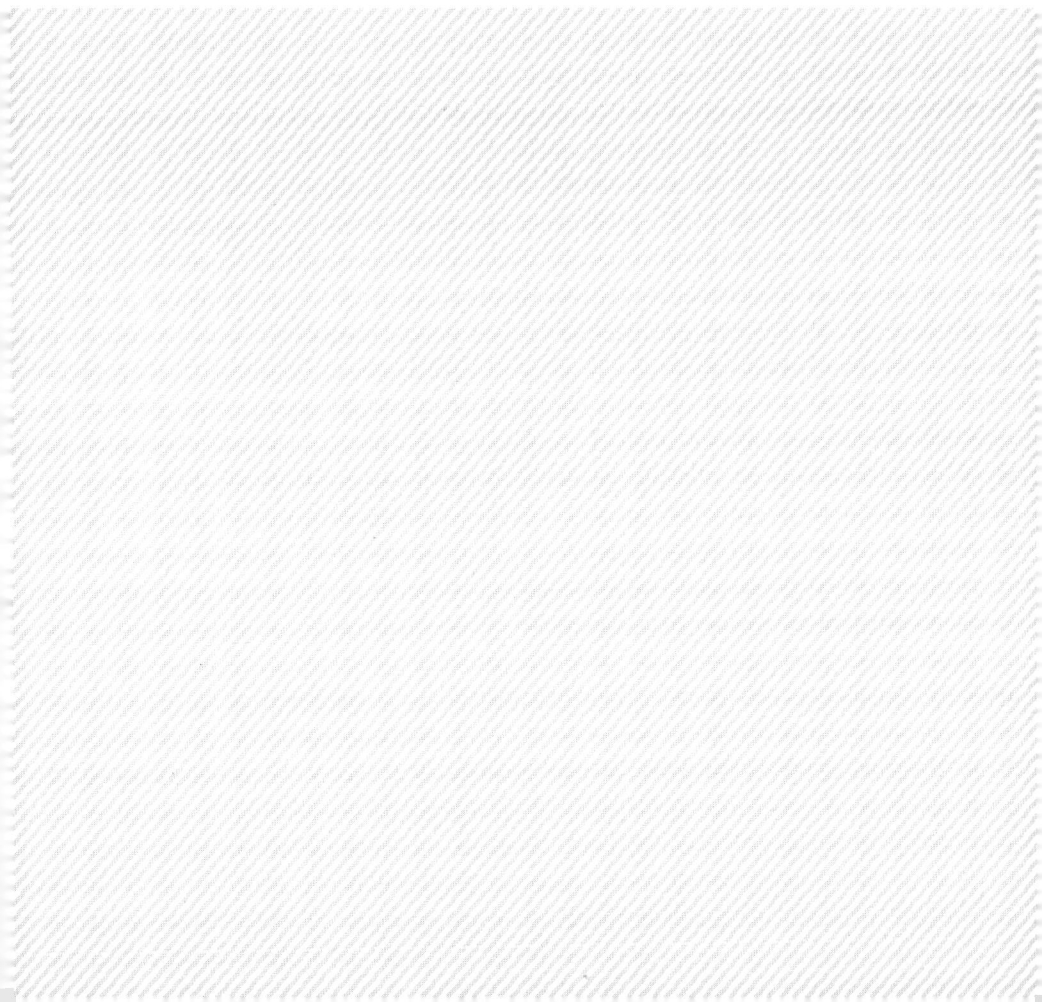

　第一部において、「甘え」の言語的考察を行う。この部は四章からなる。第一章では、土居健郎の「甘え」論について、第二章では、「甘え」の言語的起源について、第三章では、「甘え」の語彙と心理について、第四章では、「甘え」概念の議論と新たなコード化について、主に「甘え」の原点となるもの、「甘え」の抽象的概念と「甘え」の具象的表現を扱っていく。

　第一章(土居健郎の「甘え」論)では、「甘え」論として著名な土居健郎の『「甘え」の構造』を分析し、「甘え」をめぐる四つの観点、第一、「甘え」の起源が母子間の感情にあること、第二、「甘え」が親子間から対人関係一般に拡張されること、第三、「甘え」が自他一致を目指す情緒的・非論理的心理であること、第四、「甘え」が日本に独特なものであることを描出する。さらに、言語・文化に関する限定的な土居の類型化を超え、多角的な「甘え」の意味論的分析や倫理的な構造解明の必要性を指摘する。

　第二章(「甘え」の言語的起源)では、「甘え」の言語上の起源と発達について、土居の語源分析を検証する形で考察する。「甘え」の語に先行すると思われる同根の形容詞「甘い」の語源的解釈と音韻・音声学的考察を通し、「甘え」の心理上の原型が乳児の母親に対する心理であるという結論を導く。

　第三章(「甘え」の語彙と心理)では、土居が列挙・分類した「甘え」と関係のある一連の語を、語彙のクラスター分析を参照しつつ、それぞれの語が表す現象を分析することで、「甘え」の許容の有無と「甘え」行動の有無という二つの尺度を利用して再分類する。

　第四章(「甘え」概念の議論と新たなコード化)では、土居の

「甘え」の定義を巡ってなされた議論を概観した上で、「甘え」「甘える」「甘えさせる」という三語の素朴概念に関する調査結果を引用し、「双方向」「一体感」「依存」「期待」「自制」という「甘え」の五要素を指摘するとともに、「甘え」のやりとりにおける請う者と承認する者がそれぞれ「甘え」に対してどのような認識を持っているかを示す。

第一章　土居健郎の「甘え」論

　「甘え」という言葉は、精神医学者土居健郎がアメリカ留学中の文化体験から、日本人の心理の特性と深い関係があることを見出した言葉である。彼によれば、「甘え」とは、元来、「乳児の精神がある程度発達し、母親が自分とは別の存在であると知覚した後に、その母親を求めていること」[1]を指していう言葉である。つまり、母親に十分に世話をされてきた赤ん坊は、生後一年の後半になって母親から分離した存在として自分を意識するようになると、以前の完全な母との一体の状態に戻ろう、あるいは少なくとも近づこうとする。このような完全な依存状態を再び確立しようとする子どもの試みが「甘え」であるというのである。

　土居の『「甘え」の構造』以来、「甘え」は一種の流行語となり、日本人の性格が問題として取り上げられるとき、しばしば日本人に固有な心理的特性とみなされるようになった。[2]彼によると、日本語の「甘え」に対応する適切な外国語はなく、「甘え」は外国の文化ではみられない日本的特徴であるという。[3]

　日本人の場合、親子関係のように「甘えられる関係」は理想的な関係とみなされ、それを対人関係にまで発展させることが感

---

① 『「甘え」の構造』、105頁。
② 小学館『日本大百科全書1』(小学館、1984年)533頁参照。
③ 『「甘え」の構造』、10頁参照。

情的に期待される。しかし、現実の社会関係においては、甘えられない他人との関係が生じ得る。そうした甘えようとして甘えられない関係において、「恨み」「ひがみ」「すねる」といったような感情が起きてくる。①

　また、日本的思考の特徴は、西洋的思考に比較し、非論理的、直感的側面を持つといわれる。②これは日本で「甘え」の心理が支配的であることと無関係ではない。もっぱら情緒的に自他一致の状態を醸し出す「甘え」の心理は、まさしく非論理的なものと考えられている。③こうした考え方からいえば、一心同体であろうと願うことが、日本人の対人関係を規定する重要な因子であることになる。

　前述した土居による日本的「甘え」の論点をまとめれば、以下のようになる。

　第一に、「甘え」とは、乳児が、母親と自分は別の存在であり、母親が自分から離れていく体験をするため、母親との一体感を求めようとする感情である。

　第二に、「甘え」は、親子の関係にだけでなく、他人との関係でも期待されている。そこでの「甘え」をめぐる関係は、甘えられる関係と、甘えることのできない関係とに区別される。前者を典型的に示しているものは親子の関係であり、後者は他人とのあいだの関係である。ただ、他人との関係も、親密さが増すにつれ、親子のようなある種の「甘え」関係に近づく。日本人は、そのような対他関係を望ましいものとして心の深層では期待する傾向がある。

　第三に、「甘え」は、もっぱら自他一致の状態を醸し出そうと

---

① 『日本大百科全書1』、534頁参照。
② 『日本大百科全書1』、534頁参照。
③ 『日本大百科全書1』、534頁参照。

する情緒反応、すなわち他人と一心同体であろうと願う心理である。こうした心理が、西洋的な論理思考に対する、日本人の非論理的で直感的な思考を方向づける一つの要素となっている。

　第四に、日本語の「甘え」に対応する適切な外国語はなく、「甘え」は日本的特徴を持ち、日本に独特なものである。

　では、ここまで見てきた土居の言説は、いかに妥当性を持ち得るのであろうか。以下では、その理論背景を探るべく、土居における「甘え」の着想に戻って検討してみよう。

第一節　「察する文化」と「help yourself文化」

　土居は『「甘え」の構造』の最初の章で自分がアメリカに着いたばかりのエピソードを一つ出している。

　　日本の知人に紹介された人を訪ねてしばらく話をしていると、「あなたはお腹がすいているか、アイスクリームがあるのだが」と聞かれた。私は多少腹が減っていたと思うが、初対面の相手にいきなりお腹がすいているかときかれ、すいていると答えるわけにもいかず、すいていないと返事をした。私には多分、もう一回ぐらいすすめてくれるであろうというかすかな期待があったのである。しかし、相手は「あー、そう」と言って何の御愛想もないので、私はがっかりし、お腹がすいていると答えればよかったと内心くやしく思ったことを記憶している。そして、相手が日本人ならば、大体初対面の人にぶしつけにお腹がすいているかなどときくことはせず、何かあるものを出してもて

なしてくれるのにと考えたことであった。[1]

このような話はありふれており、二人の中国人の場合であっても、二人の日本人の場合であっても、おそらく同じようなことが生じ得るであろう。したがって、土居の体験は所謂カルチャーギャップの問題とはいえないであろう。日本人や中国人の場合、配慮に対する応答は、個人の内心とは直結せず、判断の背景に儒教的ともいえる人間関係に基づく「察する文化」が想定される。つまり、ここでは、親しい人間関係においてyesかnoかを発言できる前提となり、その回答も長幼の序に基づいて推し量られた内容となる。それゆえ、土居の場合のように、日本的マナーに基づき相手を察し配慮するにもかかわらず、期待と異なる対応をされた場合、日本人は、がっかりし、悔しく思い、また相手の対応を無愛想、相手の行為をぶしつけなことであると思うようになるかもしれない。ここに土居論が言う、「甘え」の期待に反した「恨む」「ひがむ」「すねる」といった感情が表出するものと思われる。

さらに、土居は、文化的なギャップを感じ、自分の神経を刺戟したもう一つの食事経験について述べている。

アメリカ人の家庭に食事に呼ばれると、まず主人が酒かソフト・ドリンクいずれを飲むかとたずねてくる。そこで、酒と所望したとすると、次にはスコッチかブルボンかときいてくる。そのどちらかにきめた後、今度はそれをどうやってどのくらい飲むかについても指示しなければならない。さいわい主な御馳走は出されたものを食べればよいのだが、それがすむと今度はコーヒーか紅茶かをきめねばならないし、それ

---

[1] 『「甘え」の構造』、3—4頁。

も砂糖を入れるのか、ミルクはどうするか一々希望を
のべねばならない。①

　土居は「これがアメリカ人の丁重なもてなし方である」②と自
身で分かっていながらも、内心ではしきりに「どうだっていい
じゃないか」③と面倒がった。また、アメリカ人が日本人にはお
せっかいなくらい選択の判断を迫る一方で、"Please help
yourself(ご自由にどうぞ)"と、個人の自由な意志に任せる。こ
の言葉にも抵抗感があり、それを「不親切に響く」「あまりにも
思いやりのない言葉」④であると土居は言う。「日本人の感受性
からすると、主人は客をもてなすに際し、かゆい所に手が届く
ように相手の気持ちを察して助けてやるのが礼儀である」⑤と、
土居はその理由を説明する。そして、以上のことにより、「アメ
リカ人は、日本人のように思いやったり察したりすることをし
ない国民である」⑥と感じるようになったという。
　以上で述べたように、土居の「甘え」論形成の背景には、自身
によるアメリカでの文化ギャップ体験(「察する文化」と「help
yourself文化」)があることが分かる。

第二節　土居論における文化性優位の視点に
　　　対する懐疑

　前節で見てきた日本とアメリカとの文化ギャップに関する

---

① 『「甘え」の構造』、5頁。
② 『「甘え」の構造』、5頁。
③ 『「甘え」の構造』、5頁。
④ 『「甘え」の構造』、7頁。
⑤ 『「甘え」の構造』、7頁。
⑥ 『「甘え」の構造』、7頁。

土居の見立てについて、筆者は中立的な立場で私見を述べてみたい。土居が述べる「アメリカ人批判」の説明は普遍性に欠け、一般論として納得できないところがあるように思われる。「help yourself文化」では、個人の自由や選択を十分に尊重することを最高のもてなしと理解しているのに対し、日本は「察する文化」で、常に相手のことを意識しており、また十分に用心して相手に気づかれないように相手のことを思いやったり察したりしている。表面上、確かに両国の文化はかなり異なっているように見えるが、その裏で、どちらも相手のことを察したり尊重しようとしたりしているのではないであろうか。なぜ土居はそれによって「アメリカ人は、日本人のように思いやったり察したりすることをしない国民である」[1]と断定的にいえるのであろうか。

　日本人である土居の立場に立ってみれば、アメリカの文化や習慣は自国の文化とは異なり、不慣れである。その心情は第三者の立場に立っている中国人である筆者にも十分に理解できる。そして、自国の文化に馴染んでいるから自国の文化のほうが他国の文化より受けいれやすく、自国文化びいきになりがちなことも理解できないわけではない。

　ただし、相手の立場に立って考えることもしないで、ただ自分の視点から相手のことを批評するのは非科学的で独断的であり、また相手に無理やりに自分のことを思いやらせることこそ、思いやりのないことのではないであろうか。日本人にしてみれば、痒いところに手が届くように相手の気持ちを察することは親切であり思いやりのあることであるが、アメリカ人にしてみれば、ひょっとしたら中国人にして見ても、それは非常に馴染みのないことで、拘束された気がするかもしれない。この

---

[1]『「甘え」の構造』、7頁。

ように考えれば、アメリカ人にとって日本の「察する文化」はおそらく望まれるようなものではないであろう。つまり、自分がよいと思うことは必ずしも人にもよいと思われることとは限らないのである。また、表面的に、自国にあるものが他国にはないという理由で、簡単に下された結論も信用に値するものではない。

　上で述べたような異文化理解のズレや困難さは、属する国の文化・生活慣習の相違や時代状況に由来する。この実態を考えることのできるいま一つの事例を挙げてみよう。

　日本では、帰宅したとき、「ただいま」と挨拶をしたら、「お帰り（なさい）」という返事が普通に戻ってくる。これに対し、中国では、「お帰り（なさい）」に相当する決まり文句がない。では、このことをもって帰宅の挨拶は日本独自の優れた習慣であると判断することができるであろうか。しかし、中国の歴史を見る限り、文化習慣とはそのように単純化できるものではない。現在の中国では「お帰りなさい」の言葉は一般に使用されていないが、実は、1949年前の時代、例えば映画には、妻や妾や使用人たちが一列に並び、帰ってきた主人に声をそろえて"老爺，您回来了！（旦那様、お帰りなさい）"というシーンがしばしば登場する。ただ、こうした挨拶がなされたのは、裕福な家柄に限られていた。つまり、そのような挨拶は、資産や権力を有する極少数の者たちの特権や、封建社会の名残であり、今の中国にとって捨て去られるべきものとみなされた。すなわち、そうした挨拶行為は時代のイデオロギーに矛盾したがためになされなくなっていったのである。このように、中国語の「お帰りなさい」の事例は、元来、存在した習慣が、何らかの原因で衰退していった例として挙げられるであろう。逆に日本語の「お帰りなさい」という挨拶習慣は時代的な修正にさらされず、躾の結果として今日まで存在し続けている事例といえる。

　前述したように、背景にある時代状況や文化・習慣により、他の文化圏の人間が奇異に感じる行為でも、当事国においては極自然なものとして成り立っている。このことをふまえるならば、土居の感じた文化的違和感を文化的な優劣と直結させることができない。それゆえ、土居の主張する「甘えの構造」についても、日本文化にねざした構造特徴といえるが、その分析に当たっては、日本人の視点からのみの単純な文化類型化として描かれるべきではなく、さまざまなレベルでの相対的な視点で持ち、慎重な検討が必要となるものといえる。

第三節　「甘えの構造」と日本語の意味連関

　本章の冒頭で触れたように、土居の『「甘え」の構造』の発刊以来、彼が唱える「甘え」は、一種の流行語となり、日本人の性格が問題として取り上げられるとき、しばしば日本人に固有の心理的特性とみなされるようになった。このことをふまえ、言語学者の芳賀綏は土居による「甘え」の発見を著大な功績の一つとして高く評価する。[①]さらに、芳賀は土居論の内に「甘え」の言語学的功績をも見て取る。

　具体的に、土居は、「甘える」をカナメの語として、「すねる」「ひがむ」「こだわる」「すまない」等々の隣接する語を取り上げ、その連関状況から日本人特有の精神構造を紡ぎ出していく。これらの分析に加え、土居は日本人に特有な概念を表す名詞にも注目する。これについて芳賀は、人情、義理、恥、遠慮など、「日本人らしさ」の目録を成す諸概念を土居が「甘え」というカギ概念のもとに統合して理解しようとする点に土居の著書の

---

① 芳賀綏『日本語の社会心理』（人間の科学新社、2007年）125頁参照。

新しさがあるという。[①]そして、土居による「甘え」研究の言語学的発展について、芳賀は、優れた精神医学者である土居が、体験的に日本人の心的特性について思いをめぐらすうちに、それは日本語の特性と結びついているにちがいないと考えるに至ったのではないかと推察する。[②]

土居の「意味論的分析」は、「多くのカギ概念をそれぞれ並立させるのでなく、それら相互の意味連関を秩序立て構造化した」[③]ことに独自性を持つものといえる。この意味で、土居の「甘え」の概念の発見は、言語学研究においても画期的な貢献をなしているといっても過言ではない。

では、土居の場合、別々の意味を持つ諸概念はどのレベルでつながれ、構造化されるのであろうか。

土居は、「国語はその国の魂に内在するすべてを含んでおり、それ故にそれぞれの国にとって最上の投影法なのである」[④]という。つまり、言葉にはその国の文化が潜んでいるがゆえに、影である言葉によってその実在である国の文化（魂）が読み取られるからである。

一方、一般の言語学研究では、言語化はどのレベルで分析されるのであろうか。一般的な言語の研究では、語それぞれが代表する概念相互の関係を整理し、意味の範疇を立てて行く。土居の言う文化―言語連関を通した「意味論的分析」もまた、言語学の専門の立場でもアプローチが行われている。「意味の世界は実在の世界そのものと直接にからみ合い、つながり合う。」[⑤]だが、一般の言語学研究では、言語構造の諸部分のうち、音の連

① 『日本語の社会心理』、126頁参照。
② 『日本語の社会心理』、126頁参照。
③ 『日本語の社会心理』、126頁。
④ 『「甘え」の構造』、9頁。
⑤ 『日本語の社会心理』、126頁。

関構造や文法のシステムは実在世界とはほとんど無関係に、それ自身で自律的なメカニズムを成している[1]と考える。そこでは、言語・文構造と文化・実在的意味が完全に重なるとは解されない。通常の言語学研究においては、言語・文構造は、言語世界である「生活・思惟の諸様式」[2]と密接に結びつき、用いられる言語の意味連関を研究するアプローチが重要となる。

　これらのことを考慮するならば、従来の言語学研究では、国語のすべての部分が素朴にその国の魂に内在するものを含んでいると考えることはできないとされる。[3]つまり、言語のどの部分でも素朴な解釈によって文化の索引になるわけではない。この立場では、言語を直接的に実在界と結びつけ、実在界を間接的に反映する「生活・思惟の諸様式」を対象とする意味論的分析が現実のアプローチとして支持される。その方法により、言語の背景にある文化の特性を究め、索引となるべき語や概念を確定する作業が重要な課題になる。この思惟領域をふまえた「解釈学」的ともいえる言語学的アプローチを通してこそ文化(魂)の研究と言語(国語)の研究がつながり合うのである。

　ここまで述べてきたことをふまえるならば、土居の「甘え」論を俯瞰的・相対的に分析する視点が明らかとなる。土居の「甘え」論については言語学の専門家である芳賀からも高い評価を得ているが、関連言語と実在領域を直接関連付ける土居的な「意味論的分析」は、思惟領域を介在するアプローチに照らした場合、論証性に不備を見出せるのではないか。この視点を加味することで土居の「甘え」論を深層的な次元を含め補強するこ

① 『日本語の社会心理』、126頁参照。
② 『日本語の社会心理』、126頁参照。
③ 『日本語の社会心理』、127頁参照。

とができるのではないか。さらに、この言語学的考察を、同じ
く文化解釈学の方向を思惟領域を通じて追求する哲学・倫理
学によって補い、新たな光を与えることはできないか。これら
の言語学や倫理学による補完的な「甘え」論へのアプローチが
本書のオリジナリティといえる。

第二章 「甘え」の言語的起源

　序章において、「甘え」論として著名な土居の『「甘え」の構造』を分析し、「甘え」をめぐる四つの観点、第一、「甘え」の起源が母子間の感情にあること、第二、「甘え」が親子間から対人関係一般に拡張されること、第三、「甘え」が自他一致を目指す情緒的・非論理的心理であること、第四、「甘え」が日本に独特なものであることを描出した上で、言語・文化に関する限定的な土居の類型化を超え、多角的な「甘え」の意味論的分析や倫理的な構造解明の必要性を指摘した。

　さて、土居論で日本人の心理に特有であるとされる「甘え」という言葉は一体どのようなことを意味しているか、土居論を考察の軸として多面的・相対的に考察していこう。

　では、まず本章において、「甘え」の言語的起源から検討してみよう。

第一節 「甘い」と「甘える」

　「日本語には『甘え』の心理を示すものとして、ただ、『甘える』という一語だけが単独に存しているのではない。それ以外に多数の言葉が『甘え』の心理を表現している」①と土居は言う。では、土居は「甘え」の心理を表す言葉としてどのような語を想

─────────────

① 『「甘え」の構造』、34頁。

定するのであろうか。

　土居はまず、数多くの言葉の中で「甘える」と語源を同じくする「甘い」という形容詞を挙げ、「『甘い』という形容詞が、口にするものが甘いという以外に、AはBに甘いという時のように、人物の性質を表すために使われる場合がある。これはその人物が人を甘えさせる傾向があるということを意味する。またこれとは別に、事の真相を把握していないという意味で、例えば、見方が甘いという場合もある。それは当人が何かに甘えている結果である」[①]と述べている。このように、土居は動詞の「甘える」を解釈するために、形容詞の「甘い」を借りて説明する。ところが、「甘い」の意味合いを説明するときには、逆に動詞の「甘える」でもって解釈する。それは実に興味深いところである。この土居が関連づける形容詞としての「甘い」と動詞としての「甘える」は原語上、いかにかかわるのであろうか。本節では、その相違について考えてみたい。

　『日本国語大辞典』第一巻[②]で「甘い」と「甘える」を調べてみると、以下のことが分かってくる。「甘い」について、「味覚に関していう⇔辛い)」と「心理的に砂糖や蜜の味のように感じられるさま」と「心理的に、塩気のきいていないような感じということから、厳しさ、鋭さ、強さなどに乏しいさま」の三つの意味が挙げられている。それに対し、「甘える」にも三つの意味が挙げられる。すなわち、「甘味がある。甘いかおりがする」と「相手の理解ないし好意を予想した上で、慣れ親しんだ行為をする」と「恥ずかしく思う。きまり悪く思う。はにかむ。てれる」の三つである。

　以上に示すように、「甘い」という形容詞表現は砂糖や蜜のような感覚・感情を表す言葉であり、その意味合いは味覚から味

① 『「甘え」の構造』、34頁。
② 日本大辞典刊行会『日本国語大辞典』第1巻(小学館、1972年)397—398頁。

覚以外の感覚、更に心的感情へと拡張している。一言で言うと、①「甘い」では生理的な感覚の甘味から更に②甘味に例えられる心情、さらには③塩味・渋みに例えられる厳しさ・鋭さ・強さのない心情へと意味が拡張している。

それに対し、「甘える」という動詞はどういう意味があるのか。

辞書においては、第一に「甘い」という形容詞の語義が動詞的に示される。ここからは、「甘える」は、「甘い」の意味が発展したものであると理解できる。

第二の意味は、一見して「甘い」と直接かかわりがない。しかし、「相手に自分のことを甘く見てもらう」という点に着目すれば、繋がっているようにも見える。ただし、「AはBに甘い」という時と「AはBに甘える」という時とでは、「甘え」の授受方向性を考えるならば、二者は逆の方向性を持っている。換言すれば、前者は相手Bに甘えさせることであり、後者は相手Bに甘えさせてもらうことである。その意味において、日本的で密切な「甘える―甘えられる」関係が見出せる。このことを考えると、土居が説明するように、「甘える」という動詞は、元来、「甘い」という形容詞が根底にあり、その意味を根拠に日本的人間関係の中で発展した言葉といえるのかもしれない。

第三の意味は、「相手の好意を受けててれくさくなる。あるいは相手に好意を受けさせてもらうことに恥ずかしく思う」という定義がなされる。二番目の意味が「相互依存的な心情・振る舞い」についてのものであるのに対し、三番目の意味は自他関係ではあるが、それはとりわけ「羞恥にかかわる心情」についてのものである。

以上のことをふまえた場合、動詞の「甘える」は、形容詞の「甘い」との関係でいえばこう説明できる。要するに、「甘い」という感覚や感情が蜜のような状態であることを表すのに対し、「甘える」は「甘い」が形容する状態になろうとする心情・振る舞いを

表す。このように解釈するならば、「『甘（あま）』を活用させたもので、『甘い』状態である、また、そのような状態になるのをいう」①とある「甘える」に関する最初の興味深い説明文とも符合する。

　なぜそれが興味深いかというと、「甘い」でもって「甘える」を解釈しているからである。しかし、同辞典の「甘い」という項目のどこにも「甘える」という語が見当たらず、「甘い」の意味がいずれも同じく「砂糖や蜜の味」で説明されている。このことは、もしかすると、「甘える」よりも「甘い」のほうが先に発生したことを暗示しているのではないか。前にも触れたように、土居は「甘い」と「甘える」の意味解釈において、前者を借りて後者を説明したり、後者を借りて前者を説明したりしている。それはなぜなのか。おそらく現代社会において「甘い」と「甘える」の二語が既に定着しているので、土居はその事実を受け止めるだけで満足し、二語のうちどちらが歴史的に先行したのかというような国語学的な問題に精通していないからであろう。

　『日本国語大辞典』第一巻の語義解釈をまとめれば、次の二点が明らかになる。一つは、「甘える」は「甘い」と同根であるということ、いま一つは、「甘い」は「甘える」に先行するということである。

　となれば、「甘える」の語源を探るためには、最初に「甘い」の語源を探るのが有効であろう。

第二節　「アマシ」と「ウマシ」と「アマナフ」

　以下は2010年に出版された『日本語源広辞典』における「甘い」についての記載である。

　あまい【甘い】語源について、「ウマシ」と「アマシ」

①『日本国語大辞典』第1巻、398頁。

は、語源が近いというのが大言海の説です。そうした「甘美なものを食べる口形から出た語」であろうというのが有力な語源説です。方言で、アマー、アミャー、ウミャーなどという言葉が生きています。アマエル、アマヤカス、も同源の動詞です。転じて、人事などで、手ぬるい、厳しくない態度などに用います。⊿中国語源【甘】……「口＋、(甘いもの)」。口の中に、甘い物を入れた文字。①

　上の記載からすれば、現代語の「甘い」の語源を考える場合、古語の「アマシ」を考えていいということになる。『大言海』によれば、「ウマシ」と「アマシ」は語源が近いという。したがって、「ウマシ」の語源を明らかにすれば、「アマシ」の語源も分かるようになる。無論、逆にしても同じ結果が出る。土居が「大言海にも、甘しは旨しに通ずるということが書いてある」②と述べたのも、この点を捉えたものであろう。また、「アマー」「アミャー」「ウミャー」などの意味を同じくする方言も生きていれば、「アマエル」「アマヤカス」などの語源を同じくする動詞も生きている。語源説からすれば、「甘い」は、もともと「甘美なものを食べる口形から出た語」であるとされる。これは「口の中に、甘い物を入れた文字」である中国語の漢字“甘”とも語源がほぼ一致する。もしかしたら、「甘い」の「甘」は中国語の漢字“甘”を借用した表記ではないであろうか。

　更に『日本語源広辞典』よりもやや古い時期の1984年に出版された『日本語語源辞典―日本語の誕生―』には、「アマシの意味はアマナフ(和)」と同根。アマナフとは和合すること。アマ

① 増井金典『日本語源広辞典』(ミネルヴァ書房、2010年)34頁。
② 『「甘え」の構造』、102頁。

シとは口当たりが大変によく和合する意で、砂糖や飴などの味にいう」[①]とある。そして、同書の33頁に「アマナフ」について以下のように記載されている。

　「相間成・ふ」ものとものとの間合が、ぴったりとうまく相合うこと。仲よくする。協調する。この語はアマシ（甘）の派生語として、甘受する意に解されているが、それは転義で、協調和合の意と解するほうがよい。ア音の母義に相当する相からは、この語の方がアマシに先行すると考えた方が理解に便である。勿論実際にはアマナフとアマシは母義の相から同時的な派生関係であってよいのである。[②]

　以上から分かるように、「アマシ」と「アマナフ」とでは、どちらが先行しても、同根の関係は変わらない。どちらも「よく和合する」という意があり、「アマシ」は「口当たりの和合」を強調するのに対し、「アマナフ」は「仲の和合」を強調する。両方の意味を合わせてみれば、現代日本語の「甘い」に近い意味になる。おそらく「甘い」は、〈甘美なものを口にする口当たりの和合〉すなわち〈ものとものとの合間がぴったりとうまく合会うこと〉という本来の意味が、「人と人との合間がぴったりとうまく合会うこと」というように〈人間関係の和合〉の意味に転じて用いられたのであろう。

第三節　「天」と「アマ」「アメ」「ウミ」

　土居は「甘え」の語源を追跡する際に、〈「甘え」←「アマ」←「天」

---

① 清水秀晃『日本語語源辞典―日本語の誕生―』（現代出版、1984年）33頁。
② 『日本語語源辞典―日本語の誕生―』、33頁。

←天照大神(アマテラスオオミカミ)〉というルートが示すように「甘え
の語源と天照大神の神話は同じ根から出発している」①と推測し
ている。これはあくまでも推測にとどまり、その証拠を土居は
出していない。ここでは、「甘え」の語幹である「アマ」を調べる
ことで、土居の推測が妥当であるかどうかを検証してみたい。

　「アマ」は「ひろびろとした大空。日、月、星などが運行し、神
々のいる天。あめ」②である。この語は単独ではあまり用いら
れず、普通「天つ」(「つ」は「の」の意の上代の格助詞)や「天の」の
形で用いられるか、あるいは二語の万葉仮名が当てられる。例
えば、「やすみしし我が大君(おおぎみ)の隠(こも)ります阿摩(アマ)
の八十陰(やそかげ)出で立たす御空(みそら)を見れば」③のように、
「アマ」は上代には主として高天原(たかまがはら)に関する事象に
用いられた。また、「天人(あまびと)」「天降(あまくだ)る」のように、
中古以降は「空」の意にも用いられた。例えば、「ひさかたの(枕
詞)あま行く月を」([訳]大空を行く月を)④のように表現され
る。要するに、ここでのアマは「天……」「天の……」「天つ……」
などの形で複合語を作ることが多く、最初に「天上」を指してい
たが、後ほどに「天空」をも指すようになり、「天上、天空」という
意味とされる。『日本国語大辞典』(精選版)第一巻の記載によれ
ば、「アマ」は平安朝ではほとんどが和歌の中に複合語として現
れるにすぎず、代わってソラが一般に多く用いられるように
なったとされる。⑤

　「アマ」は「天、空」を指す点においては全く疑問のないところ

---

① 『「甘え」の構造』、104頁。
② 小学館国語辞典編集部『日本国語大辞典』(精選版)第1巻(小学館、2006
　年)154頁。
③ 『日本書紀』巻第二十二。
④ 『万葉集』巻三(二四〇)。
⑤ 『日本国語大辞典』(精選版)第1巻、154頁参照。

であるが、ただし、「アマ」について、『日本国語大辞典』ではこれまでの「アマ・アメ」説のように、「『あめ』の古形といわれる」[①]とあるのに対し、『日本古語大辞典』では「アメ（天）の轉呼」[②]と「アメ・アマ」説を支持する。この見方については後に検討していく。『古事記』の天地開闢に際して最初に天之御中主（アメノミナカヌシ）という神が出てくる。

　これらに対し、大島正健（おおしま　まさたけ、1859—1938）は、「アマ」が、「アメ」の古形でもなく、「アメの転」でもないとする。[③]さらに、白鳥庫吉（しらとり　くらきち、1865—1942）は「ウミ（海）の転。広大な場、間という意。マ、メ、ミは場、間の意。アは接頭語である」[④]とする。そこで、「アマ」と「アメ」とはどのような関係にあり、またこれらは「ウミ」といかなる関係があるのかが新たな問題となる。以下、白鳥と大島の説を見ていこう。

　白鳥は「漢土では、天上の神仙が乗るものの多くは車とか龍とか鳥とかであるが、我が国の神話には多く橋とか船とか、凡て河海に縁あるものの名が多い。これは多分日本上代の人は、天空を大海の一種と見做してゐたからであらう。……国語で天をamaといふのは、海をumiといふのと同語であり、そのことは海人と書いてこれをまたamaといふのを以っても察せられる。……また大空を海洋と見て、これが地上の海水と連続するものと考えたから、船に依って往来することが出来ると考えたのである」[⑤]と、「ウミ・アマ」説を支持する。

　これに関連し、中西進は「古代の人々は天も雨も、そして海まで

---

① 『日本国語大辞典』（精選版）第1巻、154頁。

② 松岡静雄『日本古語大辞典　語誌編』（刀江書店、1929年）71頁。

③ 日本大辞典刊行会『日本国語大辞典』（縮刷版）第1巻（小学館、1990年）394頁参照。

④ 『日本国語大辞典』（縮刷版）第1巻、394頁。

⑤ 白鳥庫吉『神代史の新研究』（岩波書店、1980年）179—180頁。

も全部、一つのものだと考えていたが、あめが指し示す原始のものは、天だったのではないか。そして、このような考え方はどうも日本に限ったことではなかったようである」[1]と述べている。

　昔の日本にもそのような話がある。例えば『日本書紀』[2]における話がそうである。

　　　古(いにしへ)に天地未(あめつちいま)だ剖(わか)れず、陰陽分(めをわか)かれざりしとき、混沌(まろか)れたること鶏子(とりのこ)の如(ごと)くして溟涬(ほのか)にして牙(きざし)を含(ふふ)めり。其(そ)れ清陽(すみ,あきらか)なるものは、薄靡(たなび)きて天(あめ)と為(な)り、重濁(おもくにご)れるものは、淹滞(つつ)ゐて地(つち)と為(な)るに及びて、精妙(くはしくたへ)なるが合(あ)へる搏(むらが)り易(やす)く、重濁(おもくにご)れるが凝(こ)りたるは竭(かたま)り難(がた)し。故(かれ)、天先(あめま)づ成(な)りて地後(つちのち)に定(さだま)る。然(しかう)して後(のち)に、神聖(かみ)、其(そ)の中(なか)に生(あ)れます。故曰(かれい)はく、開闢(あめつちひら)くる初(はじめ)に、洲壌(くににつち)の浮(うか)れ漂(ただよ)へること、譬(たと)へば遊魚(あそぶいを)の水上(みづのうへ)に浮(う)けるが猶(ごと)し。[3]

とある如く、「まるで海のような世界から最初の神が誕生し、

① 中西進『平仮名でよめばわかる日本語』(新潮社、2008年)62頁。
②『日本書紀』は、『漢書』『後漢書』などの中国正史にならって「日本書」を目指した日本最初の勅撰の歴史書。六国史の第一。三〇巻。舎人親王ら撰。720年成立。神代から持統天皇までの歴史を、帝紀・旧辞のほか諸氏の記録、寺院の縁起、朝鮮側資料などを利用し、漢文・編年体で記述したもの。日本紀。(『大辞林』、1933頁。)
③『日本書紀』巻第一。

国土が生産されていく様子が描かれている」①という。このように、中西によれば、古代の人々は頭上に広がっているはかり知れないほど広大なものを「あめ（天）」と呼び、そこから時おりこぼれ落ちてくる水を「あめ（雨）」と呼び、また水を漫々と湛えた海を「あま（海）」と呼んだとされる。②こうすると、古代日本人の世界観においては、「アマ」「アメ」「ウミ」の三つが同じものとして考えられていたことが推測される（アマ＝アメ＝ウミ説）。大島も「アマは即ち空間なり。アマは海と天との両義に分かる。海はアマなり。……天はアマなり」③と、「アマ＝空間＝海・天」説に立つ。

　しかしさらに、これらの内のどれが先行したのかはよく分からない。

　それを決めるために、「アメ」の語義を再度調べることにする。「アメ」は「天。空⇔地」や「天つ神のいる処。高天原。また神のいると信じられた天上界」④という意味である。「日本神話に登場する、高天原に属する神やものの美称をつくる。『あめ……』『あめの……』の形で用いる」⑤との記述は、前述した「アマ」についての解釈とほとんど一致する。そこから、「アメ」は「アマ」と同じく「天」を指す言葉であると分かる。

　「アマ」と「アメ」とどちらが先行したのかについて、大島は従来の「アマはアメの転」という説と違い、それを誤りだとする。大島は、「従来アマをアメの転として取り扱はれ来りたれど、之を顛倒して、アメをアマの転と見ること合理なるべし」⑥と称し

---

① 『平仮名でよめばわかる日本語』、62頁。
② 『平仮名でよめばわかる日本語』、64頁参照。
③ 大島正健『国語の語根とその分類』（第一書房、1931年）156―157頁。
④ 『日本国語大辞典』（精選版）第1巻、170頁。
⑤ 『日本国語大辞典』（精選版）第1巻、170頁。
⑥ 『国語の語根とその分類』、157頁。

ている。大島によれば、「エの音よりアの音に移ることは、雨の
アマ、金のカナ、稲のイナと為るが如く、形容態にては屢々見る
所なれど。アマ（天）の川は、アメ（天）ガ下と、同様の独立語にし
て形容語に非ず。尚又アの音よりエの音に移りたるものなるか
と思はるる者あり」[1]とする。その次に、大島は「眼はマナコのマ
にして、目はメなり。此語の原意を正すときは、マは先出にし
て、メは明らかに其転なり。又手にタとテの両音あるは、タは先
出にして、テは其転と見るべき理由あり」[2]と例を出して論拠を
付けようとして、最後に「マとタは形容態と看做すべからず」[3]と
判断を下したのである。要するに、大島は「アマ」を形容態とみ
なすべきものと形容態とみなせないものとがあることを主張し
ているのである。しかし、現在では、その二つが同様に取り扱わ
れている。すなわち、「アメ」が「天……」「天の……」「天が……」
などの形で複合語を作ることから、「天地」「天の川」「天ガ下」の
ような言葉が生まれてきたのである[4]、とする。それは、根本的
には「アメ＋笠＝天笠（アマガサ）」の用法と同じであり、大島が
列挙した「雨のアマ」「金のカナ」「稲のイナ」と為るが如く[5]、エ音
がア音に転じるルートを示しているのであろう。

　古代日本語の音韻変遷について、橋本進吉（はしもと　しんき
ち、1882―1945）は『国語音韻の変遷』（1950年）、『古代国語の音
韻に就いて』（1980年）の二著書において論じている。橋本は仮
名の五十音図でいうイ段のキ・ヒ・ミ、エ段のケ・ヘ・メ、オ
段のコ・ソ・ト・ノ・（モ）・ヨ・ロの十三字について、奈良時
代以前には単語によって甲類と乙類の二種類に書き分けられ、

---

① 『国語の語根とその分類』、157頁。
② 『国語の語根とその分類』、157頁。
③ 『国語の語根とその分類』、157頁。
④ 『国語の語根とその分類』、157頁参照。
⑤ 『国語の語根とその分類』、157頁参照。

両者は厳格に区別されていた^①と指摘している。また『古代国語の音韻に就いて』において、二種類の相伴うルールについて次のように述べている。

　　或る仮名の甲類はいつも他の仮名の甲類と相伴い、乙類はいつも乙類と相伴って同じような場合に用いられるということは、活用以外の場合にも見られるのであります。例えば「タケ」（竹）なら「タケ」が「タカムラ」（筵）となって「ケ」が「カ」に変ります。これと同じような現象が「ヘ」にも見られる。「うへ」（上）が「うはば」（上葉）になる。「メ」も「マ」になります。「天（アメ）」が「天（アマ）」になる。こういう音の変化があります。この「カ」「ハ」「マ」にかわる「ケ」「ヘ」「メ」は、いずれも乙の類に属するもので、四段已然形と同じ形であります。^②

　このように、橋本の論述が正しいとすれば、「アマはアメの転」^③という語源説のほうがおそらく信憑性が高いであろう。

---

① 橋本進吉『国語の音韻の変遷』（岩波書店、1950年）133—136頁参照。
② 橋本進吉『古代国語の音韻に就いて 他二編』（岩波書店、1980年）101頁。
③ この説は一般推論で、いわゆる「露出形から被覆形への母音交替説」に当たる。それに対し、真逆の説もある。すなわち「被覆形から露出形への母音交替説」であり、これまで論じてきた大島正健の論説のほかに、沖森（2010）も挙げられる。沖森（2010）は、「ama＋*i→ame」が示すように、/a/に*/i/を接続することによって/e/を導き出す派生方法を考えている。しかし、沖森（2010）が名詞を形成するために仮定した想定の*/i/についてはまだ不明点が多く、このような*/i/の設定についてはより慎重な議論が必要であると小野（2017）によって指摘されている。また、言語の一般的傾向からいい、単語が複合語になるときに音変化が起こるのが常であり、複合語を単語にした場合に音変化が起こるのではない。一言でまとめれば、「アメはアマの転」説もまだ不定説であるため、本稿は「アマはアメの転」説を支持することにしたのである。

　上述した調査から分かることは以下の三点である。

　第一に、「アマ」と「アメ」は「天、空、高天原に関する事物や神」を指す言葉である。

　第二に、古代の日本人の世界観では「天（アマ）」「雨（アメ）」「海（ウミ）」は一つの概念として考えられていたが、それらの内、最も原始のものは「天」である。

　第三に、「アマ」は「アメ」の転音である。

　こうすると、「アマ」は「天」や「高天原の神」に一層近づくが、しかし、『古事記』[1]によれば、高天原には天照大神だけではなく、数多くの神がいるとされる。とすれば、なぜ土居は天に、他の神々ではなく、天照大神だけを結びつけ、「甘えの語源と天照大神の神話は同じ根から出発している」[2]と推測するのであろうか。それは、おそらく天照大神が根源的な神であるとされているからであろう。しかし、「天」との結びつきは天照大神がよいとされる理由をさらに示す必要がある。それをしていないのは、暗黙の了解があるからではないであろうか。すなわち、「日本人の祖神とされた天照大神が大変母性的人間的な神である」[3]という前提が、そのまま推測の根拠となっていると思われる。しかし、天照大神はまさに土居の言うように、「母性的な神」といえるのであろうか。それを論ずる前に、天照大神は女神であるか男神であるかをまず検討するべきである。

---

① 『古事記』は日本の歴史書。三巻。712年成立。序文によれば、天武天皇が稗田阿礼に誦習させていた帝紀・旧辞を、天武天皇の死後、元明天皇の命を受けて太安万侶が撰録したもの。上巻は神代の物語、中巻は神武天皇から応神天皇までの記事、下巻は仁徳天皇から推古天皇までの記事が収められている。現存する日本最古の歴史書であり、天皇統治の由来と王権による国家発展の歴史を説く。（『大辞林』、907頁。）
② 『「甘え」の構造』、104頁。
③ 『「甘え」の構造』、104頁。

　天照大神は伊邪那岐命（イザナギのミコト）の左眼を洗
うたときに御生れになつた神である。左は陰陽説に
よると、陽の方向である。又、此の神の領域は高天原
である。陰陽説によると、天は陽の位である。また、
此の説によると、陽は男で陰は女である。それ故、諾
冉（ナギナミ）二神が天の御柱を廻るときに、陽神たる伊
邪那岐命は左より、陰神たる伊邪那美命（イザナミのミコ
ト）は右より廻られたのである。此等（これら）の事情か
ら考へると、天照大神は男神でなければならないわけ
である。……蓋（けだ）し、神代史の記する所によると、
此の大神は決して男神でない。[①]

　その証拠となるものが四つある。一つ目は、此の神が大日孁
貴神（オオヒルメノムチのカミ）と称されたことである。白鳥によれ
ば、「大日孁貴神の孁は国語で之をメと訓せてゐる。メ（me）と
は国語では女の義であり、又漢字の孁は神女（しんにょ）と呼ぶ名
である」[②]、とする。その第二の証拠としては、此の神を素戔嗚
尊（スサノオのミコト）は姉と呼んでいることである。そして、第三
の理由は、素戔嗚尊が高天原へ御上りになったとき、天照大神
は女の姿を変えて男装されたことである。第四の証拠として
は、素戔嗚尊と契約して御子を御生みになったことである。以
上の理由[③]により、「天照大神が女神であらせられることは全く
争うことは出来ない。天照大神は天の神であり、地の神たる素
戔嗚尊（スサノオのミコト）と相対峙した神であらせられる」[④]「漢

①『神代史の新研究』、248頁。
②『神代史の新研究』、248頁。
③『神代史の新研究』、248頁参照。
④『神代史の新研究』、248頁。

土はいふまでもなく、多くの國に於いても、天は父で男であり、地は母で女である。」[1]しかし、「我が神典ではこれと反対で、天の神が女であり、地の神が男である」[2]「かやうに観察してくると、男女の性に關し、少なくとも神典に於いては、二様の相異なつた思想が混同してゐる。一つは漢土の陰陽説に基づいた男尊女卑の思想で、一つはそれによらない日本固有の思想である。」[3]それならば、その固有の思想とはなんであるかというと、「其れは我が上代人は女の美しき愛、発生する働きを、男の強く荒い性質より尊んだといふことであらう」[4]。したがって、「天照大神即ち日の神が、美しき慈愛に富んだ、所謂母性の愛を有せられてゐる神と、人間から思惟せられ尊び敬はれてゐた」[5]のである。

　ここまでくると、「天照大神は母性的な神である」ことが明らかになった。しかし、「甘えの語源と天照大神の神話は同じ根から出発している」という土居の推測が妥当であるかどうかはまだはっきりしていない。

　それを究明するに当たり、まず「アマ」が「母性」とどのように関わっているのかを検討する。

第四節　「アマ」と「ママ」

　『語源を探る』では、「子どもが飲食する時に発する言葉とか、また親、ことに母親を呼ぶ時の言葉、あるいは母親代わりの人

① 『神代史の新研究』、248頁。
② 『神代史の新研究』、249頁。
③ 『神代史の新研究』、249頁。
④ 『神代史の新研究』、249頁。
⑤ 『神代史の新研究』、250頁。

を呼ぶ時の言葉は、各国共通性が多い」①とある。確かにそうである。それは実に興味深いことである。

　英米圏では「母親」は「マム［mom］・マミー［mommy/mummy］」が一般的である。地域によっては、「ママ［mama］」と呼ぶことがある。ドイツ語では「ママ［mama］」、オランダ語も「ママ［mama］」、フランス語では「ママン［maman］」、ロシア語では「マーマ［mama］」、スペインでは「ママ［mamá］・マミ［mami］」、イタリア語、ラテン語は「マンマ［mamma］」である。

　以上のように、欧米・ロシア圏では「母親」の幼児語は［m］の音から始まるのがほとんどであるが、それに対し、漢字圏ではどうであろうか。ここで、漢字圏の主要国である中国、日本と韓国の言葉に当たる中国語、日本語、韓国語を少し詳しく扱っていく。

　現代中国語の標準語（普通話）では、「母親」は「ママ（妈妈［媽媽］）」が一般的であるが、中国の南方方言では「ムンマ（姆妈［姆媽］）」という呼び方もある。

　『漢典』②の記載によると、“妈妈（媽媽）”は現在では標準語と方言とでは、アクセントの違いがあるが、いずれも［mama］の音を取り、“妈妈（媽媽）”と記すのである。次の図2-1と図2-2からすれば、上古では「母親」を意味する“妈（媽）”は“母”と記し、学者の主張により、音韻表記が多少異なっているが、［muo］［mu］［mo］［mɔ］などが示すように、音としては、［m］と［u］や［o］とのなんらかの組み合わせであり、中古になっては、おおよそ［muo］と［mu］の二説にまとめられたことが分かる。

---

① 新村出『語源を探る』（教育出版株式会社、1976年）14頁。
② https://www.zdic.net/hans/妈 .（2020年3月3日閲覧）

高本漢	王力	李榮	邵榮芬	鄭張尚芳	潘悟雲	蒲立本	推導現代漢語	註解
m u o	m u o	m u o	m o	m o o	m u o	m ɔ 3	m u	母也

図2-1　"妈(媽)"の上古(周～漢)音図[①]

王力	董同蘇	周法高	李芳桂	陳新雄	註解
m u o	m u o	m u o	m u	m u	母也

図2-2　"妈(媽)"の中古(隋唐)音図[②]

　"母"の音韻変化については、『漢字の語源研究―上古漢語の単語家族の研究―』においても似たような記述が載っている。

　　　「周 muəg→muu→六朝 məu 呉音ム→唐 mbəu 漢音ボ→
　　元 mu→北京 mu」[③]、とする。

　示されたように、周の時代から現在に至るまで、"母"は[muəg→mu]という音韻変化が発生していたのである。すなわち、周の時代では"母"は[muəg]の音を取り、現在では[mu]の音

---

① 出典はhttps://www.zdic.net/zd/yy/sgy/妈であるが、図はそれを参照して筆者が作成したものである。
② 出典はhttps://www.zdic.net/zd/yy/zgy/妈であるが、図はそれを参照して筆者が作成したものである。
③ 藤堂明保『漢字の語源研究―上古漢語の単語家族の研究―』(学燈社、1963年)166頁。

を取るのである。

　さらに、『漢字語源語義辞典』においても「muəg(上古)　məu(中古→(呉)ム・モ・(漢)ボウ・[慣]ボ)　mu(中)」①という記載がある。

　上記の両記載によれば、同じ音韻変化ルートを有していると考えられるほかに、[mu]という基本音が古今一貫で不変のままであることが理解され得る。

　要するに、中国語の「母親」の古い呼称である“母”と現代の呼称である“妈(媽)”は、いずれも[m]の音から始まり、母音との組み合わせで構成される。異なっているのは、その母音が[a]であるか[u]であるかの一点のみである。

　さて、韓国語と日本語の「母親」の幼児語はどうであろうか。調べたところ、韓国語と日本語では、「母親」の幼児用語は音声的にはつながっていると思われる。

　韓国語では、「母親」は正式に「オモニ(어머니)」という。ただし、子どもは主に「オンマ(엄마)」と呼ぶ。韓国国立国語研究所によれば、「オンマ」の語源は不詳であるとされるが、口承伝説として、「オンマ」は19世紀以後になって[eomma]の音を取ったが、それ以前に15世紀ごろから[eommi]の音を取っていた②と述べられる。もしその伝説が事実であるならば、「オンマ」には音声変遷が発生したことになる。そこから、[m]と母音[a]の組み合わせである[eomma]から、[m]と母音[i]との組み合わせである[eommi]へと移行することが判明する。ただし、[eomma][eommi]はともに、唇鼻音[m]が母音との組み合わせで構成されている点は共通している。

---

① 加納喜光『漢字語源語義辞典』(株式会社東京堂出版、2014年)1162頁。なお、(呉)は「呉音」を意味し、(漢)は「漢音」を意味する。

② https://www.korean.go.kr/front/onlineQna/onlineQnaView.do?mn_id=216&qna_seq=65195.(2020年3月3日閲覧)

　日本語では現在子どもは「母親」を「ママ[mama]」と呼ぶ。しかし、「ママ」という幼児語は、そもそも日本語にあった呼び方ではなく、明治時代に入ってから、西洋の影響を受けて使用し始めたという。当時の「パパママ」の使用について、次の『朝日新聞』の記事が参考になる。

　　　明治後半には洋行帰りの家庭で使われ、1917（大正6）年、高浜虚子の「パパママ反対論」に対し、与謝野晶子が「日本は文字も法律も外国から移植した。ことさら忌む理由なし」と反論、ちょっとした論争になった。1934（昭和9）年には海軍大将・岡田啓介内閣の松田源治文相が就任直後、「近頃、パパだの、ママだのがはやっているが、日本古来の孝道がすたれる。直ちに駆逐せよ」と、「日本精神」をあおった。[1]

　上述した記事の記載からすれば、「ママ」という呼び方は明治時代に西洋の影響で広まり始めたことが分かる一方で、当時はまだこの語をめぐって開明派と保守派が対立している様子も分かる。なお、「母親」は日本では通称「はは」や「おかあさん」であるから、どちらも中国語や韓国語のように[m]音で始まる言葉ではない。では、「母親を呼ぶときの言葉は各国共通性が多い」[2]という見方に、日本語はまったく含まれないであろうか。このことを考えるために、次に「はは」の音韻変化について考察する。

　『日本国語大辞典』（精選版）第一巻では、「はは」について時代を追った以下のような記載がある。

---

[1] 『朝日新聞』2006年2月4日。
[2] 『語源を探る』、14頁。

　（1）ハ行子音は、語頭ではp→Φ→h、語中ではp→Φ→w
と音韻変化したとされる（Φは両唇摩擦音。fとも書
く）。これに従えば、「はは」はpapa→ΦaΦa→Φawa→
hawaとなったはずで、実際、ハワの形が中世に広く行
われたらしい。仮名で「はは」と書かれたものの読み
方がハハなのかハワなのかは確かめようがないが、す
でに12世紀の初頭から、「はわ」と書かれた例が散見さ
れるから、川のことを「かは」と書いてカワと読むごと
く、「はは」と書いてハワと読むことも少なくなかった
と考えられる。キリシタン資料を見ると、『日葡辞書』
ではfafa（ハハ）とfaua（ハワ）の両形が見出しにあるが、
「天草本平家」などにおける実際の用例ではハワの方
が圧倒的に多い。
　（2）17世紀初頭までは優勢だったハワの方が滅ん
で、現代のようにハハの形のみが用いられるように
なった。ちなみに、江戸時代には、日常の口頭語で母
を意味する語としては、カカ（サマ）・オッカサンなど
が次第に一般的となり、「はは」は子どもが小さいとき
に耳で覚える語ではなく、大人になってから習得する
語になっていった。仮名表記する際には「はは」が一
般的である。[1]

　江戸時代以降の「はは」の呼称については、『語源海』に次のよ
うな記載がある。

　　母の呼び方〈お母（かぁ）さん〉の言い方は大正期から

[1]『日本国語大辞典』（精選版）第1巻、128頁。

　　一般化したかもしれない。明治期に入っても、江戸期
　　以来の〈お母さま、お母さん〉は人為的、教科書用語と
　　して創作した。教育を通して、一般化したことが思わ
　　れる。①

　前述した中世から近代までの「はは」「はわ」「かか」「おかあ
さん」の流れからは、[a]の母音とかかわるものの、やはり世界
共通とされる子音[m]とかかわる[mama]との類似性は見られ
ない。しかし、『語源海』にはさらに、「はは」に関する次のよう
な解説が加えられる。

　　　古今一貫、ハハは不変。ただし、上代でハハは〈俗
　　語〉という。また、別に上代には、オモ、イロハがみえ
　　る。オモは現代朝鮮語어머니と同系語か。②

　この解釈に基づけば、上代においては、「はは」の別の呼び方
として「オモ」があったことになる。その発音からすれば、「は
は」に当たる「オモ」は[m]の音とのかかわりを持つといえる。
　いま一つ、「はは」と[m]とのかかわりとする説がある。それ
は「はは」の最初の音韻であった[papa]のうちに、[m]とのつな
がりを見る人類学者ジョージ・ピーター・マードック（George
Peter Murdock、1897—1985）の説である。マードックの報告③に
よれば、「母親」を表わす幼児語の音では、[m,n]＋[a,e,o]型す
なわち唇鼻音の[m]や鼻音の[n]が母音の[a][e][o]と任意の組

---

① 杉本つとむ『語源海』（東京書籍株式会社、2005年）504頁。
②『語源海』、503頁。
③ Murdock, G. P. "Cross-language Parallels in Parental Kin Terms". *Anthropological Linguistics*, 1959, 9(1), pp.1—5.

み合わせの音が51%を占めるのに対し、[p,t]＋[a,o]型の音が9%しか占めない。しかし、マードックによれば、子どもの喃語段階での子音出現頻度は、「[m]＝[b]＞[p]＞[d]＞[h]＝[n]＞[t]……」という順になっていると主張される。それゆえ、[m]と[papa→ΦaΦa→Φawa→hawa]の[p]と[h]は喃語段階深く結びづいているといえる。

　では、喃語のレベルとは別に、日本語の「はは」には、[m]につながる「はは」「はわ」「かか」「おかあさん」以外の音との関係はないのか。この視点について、筆者は標準語（普通語）から離れ、方言に注目してみたい。このことを考えるには、『語源研究』に掲載している鳴海日出志の「日本語とアイヌ語の起源—『母』の比較言語の例—」が有効であると思われる。

　鳴海によれば、「母」が、鹿児島県薩摩では[ama]、鹿児島おきえらぶ島（沖永良部島）では[ahma]、新潟県などでは[anma]、沖縄県首里では[anmah][1]とされる。そこには、すべて[ma]の音が入っていることが分かる。また、上代東国方言では「母」を[amo][omo][2]と呼ぶ。それは、『語源海』における「別に上代には、オモ、イロハがみえる」[3]という記載と同じ意味のことを伝えている。

　要するに、日本語の「母」という呼称は標準語では[m]の音と直接にはかかわりを見出せないが、方言に注目すれば、日本の各地域で「母」の呼称には、[ma]の音が関係していることが分かる。

　前述した考察をふまえると、日本語を含めた各言語において

---

① 鳴海日出志「日本語とアイヌ語の起源—『母』の比較言語の例—」（『語源研究』第45号、2007年、67頁）参照。
② 「日本語とアイヌ語の起源—『母』の比較言語の例—」、67頁参照。
③ 『語源海』、503頁。

母親はいずれも[mama]に近い発音を有していることが分かる。全く新村出の言うように、「母親を呼ぶときの言葉は各国共通性が多い」[①]ということである。ただ、以上の考察をふまえたとしても、「はは」と[m]との明確な関係性を見出しにくいことも事実である。そこで、両関係をより厳密に考えていくために、人類学、音声学、児童心理学の知見を元に以下考察してみよう。

　世界の言語は起源（祖語）を同じくする、語族といういくつかのグループにフランス語など、ヨーロッパの言語の多くはインド・ヨーロッパ語族に属しており、アラビア語やヘブライ語はアフロ・アジア語族に、中国語（北京語）やタイ語はシナ・チベット語族に属している。同じ語族に属する言語は、起源を同じくするとされているので、互いに似た音や語、文の構造を持つ傾向にある。一方、異なる語族に属する言語では、借用語（外来語）である場合や偶然に音や語などが似る場合があるが、それはごく限られた範囲でしかない。しかし、これまでに述べたように、この「母親」の幼児語にかぎっては、非常に似たパターンの音韻構造の語を持つ言語が、語族を超えて多く観察されている。1959年に、人類学者のマードックがこの事実を報告した。マードックによれば、「世界の多くの言語において、幼児語で母親を指す語は「ママ[mama]」「ナ[na]」「アマ[ama]」など、[m]または[n]という子音と、口を比較的大きく開けて発する母音の組み合わせであることが多い」（図2-3[②]）とされている。

---

① 『語源を探る』、14頁。
② "Cross-language Parallels in Parental Kin Terms", pp.1—5.

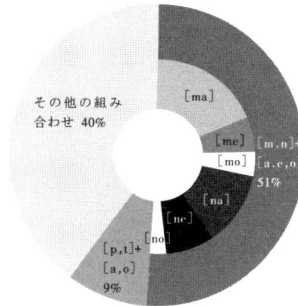

その他の組み合わせ 40%

[ma]

[me] [m,n]+
[mo] [a,e,o]
51%

[na]

[ne]
[no]

[p,t]+
[a,o]
9%

図 2-3　「母親」を表す幼児語の音

　異なる歴史を持つ言語において、これほど似た傾向がみられるのはなぜであろうか。それについて、音声学や乳幼児心理学における解釈がある。以下はその簡単なまとめである。

　音声を発声するときに肺からの空気が通る部分、声帯から口唇までの空洞を声道と呼ぶが、新生児の声道は未発達で、大人の声道とはかなり異なっている。生後6〜8ヶ月頃から徐々に大人の声道に近づいていく。個人差はあるが、子どもは生後6週目頃から母音のような音を発するようになり、4〜5ヶ月頃には[ma]といったような、[子音]＋[母音]から成る喃語と呼ばれる音の連続を発するようになる。最初は[ma]のような1音節から始まり、次第に[mama]というように、反復した音節が現れるようになる。そして1歳頃になると、特定のものを指すのに一貫して同じ音（の連続）を使う、つまり「語」を発するようになる。

　さて、子どもにとって発音しやすい音・構造とはどのようなものなのであろうか。まず、構造に関しては、喃語の段階で多くみられるように、[子音]＋[母音]の組み合わせが発音しやすい構造であると考えられる。日本語の音の基本単位である拍（モーラ）がちょうどこれに当たる。次に、音に関しては、母音については、同じく喃語段階で圧倒的に多く観察されるのは

中母音か低母音で、高母音はほとんど現れないようである。日本語でいうと、「ア」「エ」「オ」に当たる。子音においては、喃語段階での出現頻度を見てみると、頻度が高い順に、[m]＝[b]＞[p]＞[d]＞[h]＝[n]＞[t]……と続くとされている。子どもが子音を獲得していくプロセスは、概して、口の入り口付近から奥へと順に進むとされているが、喃語には、調音位置で言うと両唇音や歯茎音、調音法で言うと鼻音と閉鎖音が多いのである。これらの音を、口の周りの筋肉や唇、舌の動きや緊張度を意識しながら発音してみると、その理由が分かると思う。とくに[m]は、口を閉じて鼻から空気を出すだけであるから、非常に発音しやすいといえる。こうして見てみると、子どもにとって最も発音しやすい音としては、［発音しやすい子音］＋［発音しやすい母音］の組み合わせである［鼻音］＋［中母音または低母音］、すなわち[ma(ma)]であろう。ただし、喃語の段階では、発声する音が何かを指しているわけではない。つまり、赤ちゃんが初めて発生する「まーまー[ma-ma-]」といった音は「ママ」を「ママ」と認識したわけではない。それが最初に発生されるのはおっぱいを口に含んだときと同じ形で、赤ちゃんにとって開くのが最も簡単な形である。ロマーン・オシポヴィチ・ヤーコブソン（Roman Osipovich Jakobson、1896—1982）[1]によると、赤ちゃんがおっぱいが飲みたくて「まーまー」の口で発音をすると、「ママ」がおっぱいをくれるため、おっぱいをくれる人を「まーまー」で認識するようになるのである。換言すれば、[mama]は最初には「ママ」のおっぱいを口に含んだ時に乳児が発生した満足げな音であり、またおっぱいが飲みたいときにおっぱいをくれる人に発する合図でもあると考えられるので

---

[1] Jakobson, R. "Why 'mama' and 'papa'?". Jakobson, R. ed. *Selected Writings, Vol 1: Phonological Studies.* The Hague: Mouton, 1960, pp.538—545.

ある。

　ちなみに、英語の［mamma］、スペイン語の［mamá］、ドイツ語の［mamma］とフランス語の［mammelle］は、いずれもラテン語の［mamma］から来た語で、皆「乳房」を意味する言葉である。中国の河北省の方言でも［mama］で「乳房」を指す。韓国人の乳児は母親のお乳を飲む時に発した「マンマ」という音は、日本人の乳児がお乳を飲むときに発した「まんま」という音とは全く同じ、いずれも「まま、ご飯」を意味しているようである。

　「まま」の語源について、『日本語源広辞典』では、「『飯（幼児語）』で、うまいうまいものの意、うまうま、まんま、ままとも言う」①との記載がある。『語源海』では、「ママ」は「飯、食事をさす女ことば。また、子どものことばとして発生。ウマウマ（食物）→ママ、マンマとなった」②と記載されている。なお、「ウマウマ」について、『新訂大言海』では、「元ト乳味ヨリ起リテ、食物ニ移レルナリ、母ヲ、おもト云フモ、是レナリ、（其條ヲ見ヨ）まんまト云ヒ、約メテ、乳母ヲ、ままト云フ」③と記されている。

　このように、「まま」「ママ」「母乳」「乳母」、いずれも［mama］で指すようである。要するに、日本語では、「ママ」は「飯、御飯、食事、まんま」④を意味し、「うまうま」から来たとされる。すなわち、形容詞「うまい」の語幹である「うま」を反復した幼児語の「うまうま」で「母乳」⑤を指す。同辞典の記載によれば、「うまし」は平安以降にはより［m］を強調する「むまし」とも表記されたという。⑥このことから、［m］の音と「母乳」と「ママ」という関

①『日本語源広辞典』、832頁。
②『語源海』、573頁。
③　大槻文彦『新訂大言海』（冨山房、1967年）253頁。
④『日本国語大辞典』（精選版）第1巻、749頁。
⑤『日本国語大辞典』（精選版）第1巻、560頁。
⑥『日本国語大辞典』（精選版）第1巻、559頁参照。

係は日本においても、連続性を持つことが分かる。その日本人による甘美なもの（お乳）への憧憬と欲求が日本の方言として各地に残されたとはいえないであろうか。

　先に述べてきたことを簡略に言うと、要するに、世界言語の多数において乳児にとっての最もおいしいものである「お乳」と最も大切である「母親」が、[mama]に似たような擬声語によって表され、定着していく。そのような傾向は「生」の根本衝動を考える時、必然性を持ち得るのではないであろうか。地域により、[ama]で表記するか、[mama]で表記するか、[maman]で表記するか、または[mamma]で表記するかさまざまであるが、列挙した各国の「ママ」の発音はいずれも鼻音の[m][n]と母音の[a]とのなんらかの組み合わせである。こうした結論は前述したマードックの報告に合致しているといえる。つまり、世界の多くの言語において、幼児語で「母親」を指す語は「ママ[mama]」「ナ[na]」「アマ[ama]」など、[m]または[n]という子音と、口を比較的大きく開けて発する母音[a]の組み合わせであることが多い。

第五節　「アマ」と「甘え」

　本章は前三節において「甘え」の語幹である「アマ」を調べたことで、土居が当初に示した〈「甘え」←「アマ」←「天」←天照大神〉という「甘え」の語源追跡ルートを検証してみた。その過程で、「アマ」と「天」と「天照大神」との連関が分かり、「天照大神は母性的な神である」ことも明らかになったのである。しかし、「甘え」の語源と天照大神の神話とは同根であるかどうかについてさらに追求する必要があるので、第四節においては引き続き「アマが母性的」との関わりを検討した。

　本節において、前四節をまとめていきながら、「甘え」と幼児

との繋がりを明示していくなか、「和合」の意味合いから再び
「甘え」の定義を吟味し、そして「甘え」の心理的原型を指摘し、
さらに土居の「甘えの語源と天照大神の神話は同じ根から出発
している」という推測の妥当性をおさえていく。

　　「アメ」「アマ」に関しては、人間が上を向いて口を開
　けて発音すると、アの音が出、口を閉じると、マの音が
　生ずる。「アハレ」「アッパレ」というような語も、人間
　が天を賛美するか、あるいはそのような驚き、あるい
　はほめる、悲しむというように人間が発情するとき
　に、口を開いて賛美慨嘆するという表情をするとき
　に、自ら生ずる音から来たのだというような説き方を
　した学者がいる。すなわち、人間の自然の情緒の発露
　と、それから同時にまた続いて起こってくる発音と
　が、必然的に結びつくのである、というように説く。[①]

　先の記載からも分かるように、母親の乳である「ママ（アマ）」
に盛られる感動と、天や神様である「アマ（アメ）」に盛られる感
動と、美味の「アマ（ウマ）」に盛られる感動とのあいだに、本質
的な違いがなく、いずれも〈賛美感嘆する情緒の発露から生ず
る発音〉であり、いずれもある種の憧憬である。その憧憬は乳
児の乳への憧憬であり、天上界の天・神への人間の感嘆賛美で
あり、または現実界の美味への人間の感動などである。こうす
ると、「甘えの語幹であるアマは、日本人ならほとんどすべて最
初に口にする幼児語ウマウマと関係がある」[②]とする土居の大
胆な想像は、もはや想像ではなく事実でありそうである。もし

① 『語源を探る』、13頁。
② 『「甘え」の構造』、102頁。

それが事実であるとすれば、彼の「甘えのアマはもともと語源的に乳児期と関係があることになる」[1]という推論も成り立ち得る。

　これまで述べてきたことをまとめると、次のようになる。

　「甘え」の語源を探求するために、まず現代日本語の動詞である「甘える」と形容詞である「甘い」の二語の字義的解釈から出発した。そこから分かったことが二つある。一つは「甘える」は「甘い」と同根であるということである。いま一つは「甘い」は「甘える」に先行するということである。辞書からすると「甘える」と「甘い」のあいだに意味的には大きな差異が見られないので、「甘え」の語源を調べるには、引き続きこの語に先行する「甘い」の語源を探るのが有効であると判断した。そこで現代日本語の「甘い」に対応する古語形式である「アマシ」を調べた。その結果、「アマシ」は「ウマシ」と同根の言葉で、「甘美なものを食べる口形から出た語」であることが分かった。しかし、この点が明らかになっても、「甘えの語源と天照大神の神話は同じ根から出発している」という土居の推測が妥当であるかどうかは、まだ分からない。また土居は「乳児が母親を求めようとする感情」を「甘え」と定義しているが、甘えは「乳児・母親」とどのように関連しているのかも、分からないままである。これらの点を明らかにするために、「甘え」の語幹である「アマ」をさらに調べた。『日本語源広辞典』『語源海』『古事記』『日本書紀』などの記載によれば、「アマ」は「天、空、高天原に関する事物や神」を指し、「天上界の天・神への人間の感嘆賛美」を指すとある。また音声学と幼乳児心理学の研究成果からすれば、「アマ」は「乳児の母親の乳への憧憬」であるとされる。このように、前に行われた「アマシ」の調査結果もあわせると、「アマ」が「美味」「神

---

[1]『「甘え」の構造』、102頁。

様」「母親」「乳児」と関わることは明らかである。要するに、「甘え」は語源的に〈乳児の乳への憧憬、現実界の美味への人間の感動、天上界の天・神への人間の感嘆賛美〉に由来するのである。

なお、「アマシ」は「ウマシ」と同根であるほかに、「ものとものとの合間がぴったりとうまく合会うこと」を意味する「アマナフ」という言葉とも同根である。「アマシ」は「口当たりの和合」を強調するのに対し、「アマナフ」は「仲の和合」を強調する。ただし、両方の意味を合わせてみれば、現代日本語の「甘い」に近い意味になる。おそらく「甘い」は、〈甘美なものを口にする口当たりの和合〉すなわち〈ものとものとの合間がぴったりとうまく合会うこと〉という本来の意味が、「人と人との合間がぴったりとうまく合会うこと」というように〈人間関係の和合〉の意味に転じて用いられたと筆者は推測している。

したがって、「甘え」はおそらく最も最初に「乳児が母親の乳への憧憬、乳の甘味への感嘆賛美、また乳をくれる母親を求めようとする愛着」から来ていると推論する。なぜかというと、人間は生まれて最も最初にくっついている人が母親で、最も最初の食べ物としては母親がくれた乳であるから、すべての感嘆賛美はそこから来ているといえるからである。このように、「乳児」と「母親」は「乳」によって結ばれ、乳を「与える側」である母親と乳を「求める側」である乳児は、「和合」して親子関係を形成している。無論、生理的には乳児が常に母親に求めようとするものは乳である。しかし、母親は食べ物を提供してくれるだけの存在ではなく、一緒にいてくれたら安心できる、心の安らぎを与えてくれる存在にもなる。つまり、心理的にも母親を求めるようになる。したがって、「甘え」の心理的原型は母子関係における乳児の心理に存するとする土居の観点も成立し得る。

ここまでくると、土居の〈「甘え」←「アマ」←「天」←天照大神〉という「甘え」の語源追跡ルートは詳細な分析を示していな

かったが、検証してみたところ、言語学にも連関を見出せた。すなわち、「甘えの語源と天照大神の神話は同じ根から出発している」という土居の推測が妥当であり、「甘え」は語源的に〈乳児の乳への憧憬、現実界の美味への人間の感動、天上界の天・神への人間の感嘆賛美〉に由来するものである。したがって、土居は乳児が母親を生理的且つ心理的に求めようとする感情を「甘え」と定義したのも根拠のあるものであると思われる。

第三章　「甘え」の語彙と心理

　前章において、「甘え」に対応する現代日本語の動詞である「甘える」と形容詞である「甘い」についての語義解釈から出発した。具体的には、「甘え」の語幹である「アマ」に考察をしぼり、その起源を『古事記』や『日本書紀』に求めていった。両書の古典記載を音韻学における研究に照らすことで、「アマ」が根源的には「天、空、高天原に関する事物や神」を指す言葉であることが判明した。さらに音声学や乳幼児発達心理学の観点を加味することで、「甘え」を、「乳児の乳への憧憬」「現実界の美味への人間の感動」「天上界の天・神への人間の感嘆賛美」に由来するものと定義づけることができた。以上の「甘え」の言語的起源についての調査により、土居の「甘え」定義の妥当性を根拠付けることができた。

　本章においては、さらに「甘え」と心理面の関係を考察していきたい。その際、「甘え」の現象面、すなわち「甘え」がいかに日本人の生活に浸透しているかについて具体的に検討していきたい。この分析に当たり、「甘え」の一語に限定せずに、土居が列挙した「甘え」の語彙のすべてを取り上げ、「甘え」の現象面について検討していきたい。その際、土居の提示する「甘え」の語彙について、言語心理学的視点から分析・補完する八木公子の解釈を取り上げ、「甘え」をめぐる各語の関連性を現実の心理面からも解明していく。

第一節　土居論：「甘え」の語彙と心理

　土居によれば、「甘え」の心理を示すものとして、前章に述べた「甘える」と「甘い」以外に次のような一連の語彙が存しているとされる①。すなわち、「甘んずる」「すねる」「ひがむ」「ひねくれる」「うらむ」「ふてくされる」「やけくそになる」「たのむ」「とりいる」「こだわる」「きがねする」「わだかまりがある」「てれる」「すまない」といった語である。

　本章ではまず、以上の語彙が具体的にどのような「甘え」の心理を示すかについての土居の解釈を表3-1②に整理する。なお、「やけくそになる」は「やけくそ」、「きがねする」は「きがね」、「わだかまりがある」は「わだかまり」、「人を食った態度、相手を呑んでかかる、相手をなめている」は「人を食う、呑む、なめる」と略記する。

表3-1　「甘え」の語彙と「甘え」の心理

「甘え」の語彙	「甘え」の心理
甘え	本来乳児が母親に密着することを求めることであり、もっと一般的には人間存在に本来つきものの分離の事実を否定し、分離の痛みを止揚しようとすることである
甘える	結局母子の分離の事実を心理的に否定しようとするものである
甘い	人を甘えさせることであり、また何かに甘えている結果である
甘んずる	甘えられない状態でありながら、甘えたつもりでいる

① 『「甘え」の構造』、34頁。
② 『「甘え」の構造』、35—40頁参照。

「甘え」の語彙	「甘え」の心理
すねる	甘えられない心理。素直に甘えられないからすねる。また、「すね」ながら「甘え」ている
ひがむ	甘えられない心理。自分が不当な扱いを受けていると曲解することであり、それは自分の「甘え」の当てが外れたことに起因している
ひねくれる	甘えられない心理。甘えることをしないで、却って相手に背を向けること。それは密かに相手に期待するものがあるからであり、したがって甘えていないように見え、根本的な心の態度はやはり「甘え」である
うらむ	甘えられない心理。「甘え」が拒絶されたため、相手に敵意を向けること。この敵意は「うらむ」の場合よりもっと纏綿としたところがあり、それだけ密接に「甘え」の心理に密着している
ふてくされる	甘えられない心理。「すね」の結果起きる現象である
やけくそ	甘えられない心理。同じく「すね」の結果起きる現象である
たのむ	一身上のことで相手に好意あるはからいを期待して委ねるという意味である。つまり、甘えさせてほしいということである
とりいる	巧みに相手の機嫌を取ることによって自分の欲望を達成することであるが、これは相手を甘えさせると見せて実はこちらの「甘え」を実現しようとすることである
こだわる	人間関係の中で頼んだり、とりいったりすることが容易にできないことである。甘えたい気持ちは人一倍あっても、しかし相手に受け入れられないのではないかという恐怖があり、その気持ちを素直に表現できないことである

続　表

「甘え」の語彙	「甘え」の心理
きがね	通常相手に遠慮する気持ちを表すが、それは、相手がこちらの「甘え」をすんなり受け容れてくれるかどうか分からないという不安があるからである
わだかまり	表面は何気ない風をよそおっていながら、内心は相手に対するうらみを蔵している状態である
てれる	こだわる人と同じように、自分の「甘え」を素直に表現できないが、それは相手に受け容れられないのではないかという不安からではなく、他人の前で「甘え」を出すことを恥ずかしく感ずるためである
すまない	相手の好意を失いたくない、そして今後も末永く甘えさせてほしい
人を食う、呑む、なめる	本当は「甘え」を超越しているのではなく、むしろ「甘え」の欠損をカバーするために出た行動である

　この土居の定義には、「甘え」の関連語が持つ「内包的意味(人々がこれらの語に対して抱いているイメージや印象)」や各語彙の相互関係が具体的に言及されていない。この点を補うために、以下では、言語学者の八木の1987年調査を取り込みつつ、分析を試みていきたい。

　八木は、日本人のイメージにおける「甘え」の語彙の「内包的意味」を含む構造を明らかにし、さらに「甘え」の語彙が互いにどのように結びついているのかを、男女別に調べている。

　次節では、土居の「甘え」分類と比較・考察するため、八木の語彙調査について見ていこう。

第二節 八木論：「甘え」の語彙の男女別クラスター分析

本節では、八木が行った「感情語における『甘えの語彙』」[1]の分析の内、土居が列挙した「甘え」の語彙と重なる14語（「甘える」「すねる」「ひがむ」「ひねくれる」「うらむ」「ふてくされる」「やけくそ」「たのむ」「とりいる」「こだわる」「きがね」「わだかまり」「てれる」「すまない」）を抽出し、類似の性質を持つ語を樹形図として男女別に次の図3-1[2]と図3-2[3]に整理してみる。

図3-1と図3-2の八木の語彙分析の結果として判明したことは大きくは次の二点である。一つは、「甘え」の語彙は必ずしも同一の語群として位置づけられていないことである。いま一つは、「甘え」の語彙の捉え方について、男女間で相違があることである。以下八木の分析[4]を参考に土居の見解（表3-1）に照らし、男女の違いについて解説を加えてみよう。

まず、男性のケースでは、「うらむ」と「わだかまり」、「こだわる」と「やけくそ」がおのおの一群を形成している。「うらむ」と「わだかまり」が最小群を形成しているのは、〈「わだかまり」は内心うらみを蔵している状態〉という土居の解釈によって説明することができる。この二語は、男性には〈「甘え」を拒絶された結果、相手に敵意を抱いている状態〉として捉えられるよう

---

① 八木公子「感情語における『甘えの語彙』―その位置づけと内部構造―」(『言語生活』第432号、1987年、70―80頁)参照。八木は、ここで示した甘えに関わる14語に加え、他の感情語である「愛する・感謝する・期待する・喜ぶ・楽しむ・悲しむ・怒る・恐れる・きらう・耐える」の10語を加え、クラスター分析を行っている。
② 「感情語における『甘えの語彙』―その位置づけと内部構造―」、76頁参照。
③ 「感情語における『甘えの語彙』―その位置づけと内部構造―」、77頁参照。
④ 「感情語における『甘えの語彙』―その位置づけと内部構造―」、78―79頁。

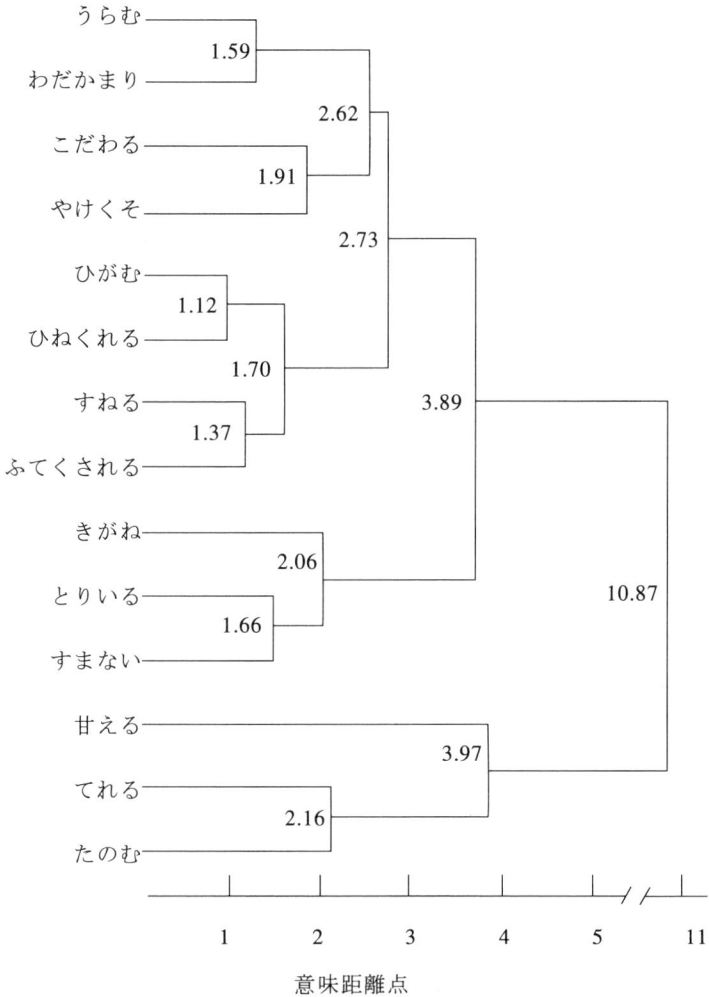

図3-1　「甘え」の語彙14語のクラスター分析の結果（男性）

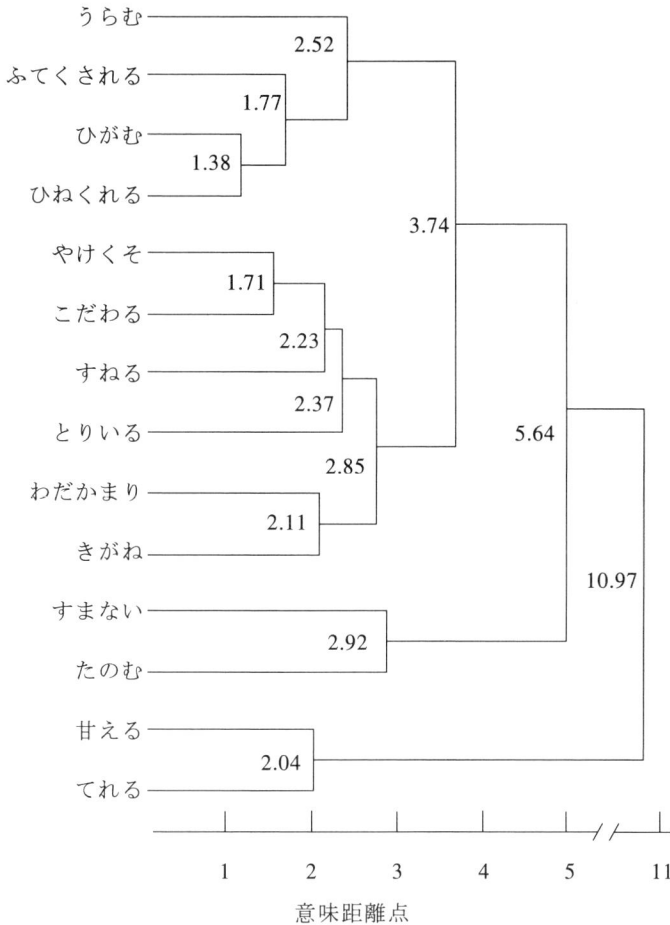

図3-2　「甘え」の語彙14語のクラスター分析の結果（女性）

である。「うらむ」「わだかまり」「こだわる」「やけくそ」の語群の近くに、「ひがむ」「ひねくれる」「すねる」「ふてくされる」からなる一群が位置づけられている。この結果は、これらの語をすべて〈甘えられない心理〉としてまとめた土居の説明とも一致している。次に、「とりいる」「すまない」に「きがね」を加えた一群

について見ていこう。土居は、「とりいる」は〈巧みに相手の機嫌をとることによって自分の「甘え」を実現しようとすること〉と解釈しているが、八木の調査結果を見る限り、その行為の裏にある相手に対する気遣い（すまない）や遠慮（きがね）などが強調されて捉えられていると解釈するほうが納得しやすい。最後に、前出したすべての「甘え」の語彙に対置し、「甘える」「てれる」「たのむ」の一群が形成されている。土居の解釈によれば、「てれる」は〈他人の前で自分の「甘え」を出すことを恥ずかしく感じるため、自分の「甘え」を素直に表現できない心理状態〉であるというが、八木のクラスター分析の結果により、「てれる」ではむしろ〈「てれ」ながら「甘え」ている〉という意味づけがなされると解釈するほうが分かりやすいように思われる。

　次に女性のケースでは、まず、「うらむ」「ふてくされる」「ひがむ」「ひねくれる」で一群を形成している。これらは〈甘えられない心理〉を表すものだが、男性においては二つの近縁の語群に分散していたのに対し、女性においては一つの語群に集約されている。ただし、女性のケースに特徴的な点は「すねる」がこの群に含まれていないことである。女性の場合、「すねる」は「とりいる」と近いところに位置づけされている。これは女性の場合は「すねる」が単に土居の言う〈素直に甘えられない心理〉というよりは、むしろ「とりいる」と同様に〈自分の「甘え」を実現させる一種の手段、作戦〉として捉えられているためだと解釈できるであろう。男性のケースと異なる語には「すねる」のほかに「わだかまり」がある。「わだかまり」は、男性の場合、〈内心うらみを蔵している状態〉という土居の解釈に全く一致しているが、「うらむ」と最小群を形成している女性のケースでは「きがね」と最小群を作っている。つまり、女性の場合、「わだかまり」は〈うらみというよりはおそれや遠慮などを内心に秘めた状態の心理〉と捉えられるようで、その結果として、「わだ

かまり」は「きがね」とともに、〈甘えられない結果、内にこもる
状態、心理〉を表していると考えられるのではないであろうか。
次には、「すまない」「たのむ」の一群であるが、これは〈申し訳な
いとは思うが、甘えさせてほしい〉という〈遠慮しながらも「甘
え」を期待している心理〉を表していると考えられる。最後に、
前出した「甘え」の語彙のすべてに対置する「甘える」「てれる」
の二語は、男性同様に別の最小群を形成している。

第三節　八木論：「甘え」の語彙の語群分けと 男女別イメージ

　前節で述べてきた「甘え」に関する解釈の内、男女別のイメー
ジについて、さらに八木の整理[1]に基づき、次の表3-2と表3-3
にまとめて解説を加えてみたい。

表3-2　「甘え」の語彙の語群分けと男性の持つイメージ

「甘え」の語彙の語群分け	男性の持つイメージ
うらむ、わだかまり	「甘え」を拒絶された結果、相手に敵意を抱いている心理状態
こだわる、やけくそ	解釈不能（八木解釈）
ひがむ、ひねくれる、すねる、ふてくされる	甘えられない結果
きがね、とりいる、すまない	「甘え」の実現のために相手に気を遣う心理
甘える、てれる、たのむ	「甘え」が実現している、または「甘え」の実現が期待できる状態の心理

[1] 「感情語における『甘えの語彙』―その位置づけと内部構造―」、79頁参照。

表3-3 「甘え」の語彙の語群分けと女性の持つイメージ

「甘え」の語彙の語群分け	女性の持つイメージ
わだかまり、きがね	甘えられない結果、内にこもる心理
こだわる、やけくそ	解釈不能（八木解釈）
すねる、とりいる	「甘え」を実現するための手段、作戦
うらむ、ふてくされる、ひがむ、ひねくれる	甘えられない結果
すまない、たのむ	遠慮しながらも甘えさせてもらえることを期待している心理
甘える、てれる	「甘え」が実現している心理状態

　表3-2と表3-3が示しているように、男女による「甘え」の語彙の語群分けと「甘え」の語彙に対する捉え方にはかなり違いがある。

　まず、語群分けについてであるが、意味距離の遠近によって細分すれば、男性のケースでは五つの語群に分かれるが、女性のケースでは六つの語群に分けられる。

　次に、捉え方についてであるが、前節の図3-1と図3-2から、男性のほうが、一部の「甘え」の語彙、つまり〈甘えが実現されていない状態の心理〉を表すと考えられる「うらむ」「ふてくされる」「ひねくれる」「すねる」「ひがむ」などの語彙を相互により強く、近くに結びつけて捉えていた。加えて、表3-2と表3-3によれば、男性が「甘え」に対してより厳しい、否定的な捉え方をしているのに対し、女性のほうが「甘え」を手段として積極的に捉えている面がある。ここから、日本的な男性観と女性観に対応し、「甘え」が男女間で別様に捉えられていると見ることができる。

　ところが、この八木の調査に対して以下の三点を指摘しなければならないように思われる。まずは、八木の調査対象となっ

たのは20〜30歳の会社員で、今から三十年数前の調査であった
ということである。本調査が示している男女の「甘え」の語彙
に対するイメージはおそらく調査対象となった集団に顕著な
特徴とみなすほうが無難であろう。なお、本調査は〈日本語の
意味構造に適応した尺度〉①から六つ②選んで、また予備調査と
してのインタビューの結果から前出の六尺度と重ならないも
のを九つ③選定して合計十五尺度で行われている。ただし、使
用する尺度によって構造が変わることが予想されるので、尺度

---

① それは、1960年に『市場調査』82号に掲載された飽戸弘らの論文「SD法
による日本語の意味構造の研究」においての〈50の形容詞対尺度〉であ
る。〈50の形容詞対尺度〉:悲しい―嬉しい;小さい―大きい;うつくし
い―みにくい;近い―遠い;完全な―不完全な;不便な―便利な;狭
い―広い;きたない―きれい;しずかな―うるさい;弱い―強い;古
い―新しい;難しい―易しい;束縛された―自由な;長い―短い;陰気
な―陽気な;貧弱な―立派な;あつい―つめたい;服従的―支配的;ま
ちがった―ただしい;男性的―女性的;活動的―不活発な;軽い―重
い;ぼんやりした―はっきりした;迷惑な―ありがたい;純粋な―不純
な;こわい―優しい;おとった―優れた;たのもしい―たよりない;危
険な―安全な;消極的―積極的;低い―高い;はげしい―おだやかな;
すきな―きらいな;楽しい―苦しい;若い―年とった;おそい―はや
い;わるい―よい;単純な―複雑な;にぎやかな―さびしい;深い―浅
い;気持ちのよい―気持ちのわるい;白い―黒い;矛盾した――貫し
た;四角い―丸い;やわらかい―かたい;正確な―不正確な;すばや
い―のろい;愉快な―不愉快な;あかるい―くらい;にぶい―する
どい。
② 八木が〈50の形容詞対尺度〉から選出した六つの尺度:優れた―劣っ
た;楽しい―苦しい;自由な―束縛された;やわらかい―かたい;積極
的―消極的;大きい―小さい。ただし、尺度の選出標準となるものが
不明である。
③ 八木がインタビューの結果から選出した九つの尺度:あたたかい―つ
めたい;すきな―きらいな;やさしい―きびしい;明るい―暗い;男ら
しい―女らしい;素直な―がんこな;日本的な―外国的な;強い―弱
い;子どもっぽい―おとなしい。ただし、尺度の選出標準となるもの
が不明である。

を変えれば必ずしも八木のような調査結果が導かれるわけではないということになる。さらに、八木の分類の場合、「甘え」の語彙に対するイメージが男女によってかなり異なっていることが指摘されるが、それが生じた原因などの分析はどこも見当たらない。結局、現象的な事実をそのまま記述しているだけである。とはいえ、意味距離の視点から「甘え」の各語彙の結びつきの分析と「甘え」の語彙に対する男女別のイメージの相違を明らかにした点では興味深いと思われる。

　続いて、「甘え」の語彙の語群分けについて見ていく。

　八木は、ばらつきが大きい男女別の「甘え」の語彙の語群分けに深く立ち入らずに、「男性・女性どちらのケースにも共通していえるのは、大きく二つの語群に分かれることである」[①]という。その一つは「ふてくされる」「ひがむ」などに代表される〈「甘え」が実現していない状態の心理〉であり、もう一つは「甘える」「てれる」などの〈「甘え」が実現されている、または「甘え」の実現が期待できる状態の心理〉である。無論、「甘え」の状態といえば、〈甘えられる状態〉と〈甘えられない状態〉の二状態が存していることはいうまでもない。「甘え」の研究にとって重要なのは、「甘え」にかかわる語彙の事実分類に加え、そうした区分の背後にある「甘え」を巡る因果連関（文化的・社会的・生理的背景）を有意味的に理解する点にあると考える。しかし、後者の観点については、八木の論には説得力が欠けている。

　逆に、この文化的・社会的・歴史的背景を根拠とする有意味的分類という観点は土居の内に見ることができる。

---

① 「感情語における『甘えの語彙』─その位置づけと内部構造─」、79頁。

第四節　土居論:「甘え」の語彙の語群分けと「甘え」の心理

　一方、土居は「甘え」の語彙を解釈する際に八木のように語群分けをしなかった。だが、彼の解釈ルートを辿ってみると、どうも土居が無意識的に語群分けをしているように思われる。

　まず、土居が「甘え」の心理を表す「甘え」の語彙として最初にあげるのは、「甘える」と「甘い」と「甘んずる」の三語である。筆者は前章の「甘え」の言語的起源で既に「甘える」と「甘い」について記述したが、二語は同根の語であり、意味的にもほとんど重なっている。動詞か形容詞かという品詞の違いが両者の最大の相違になる。したがって、「甘い」を「甘える」と同じ語群に入れても何の問題もないように思われる。

　しかし、「甘んずる」という言葉は「我慢する」「不本意だが受け入れる」(例えば、「賤吏に甘んずるを潔しとしなかった(身分の低い役人でいることを自らの誇りや信念に照らして許すことができなかった)」中島敦『山月記』)というニュアンスを含み、一見、「甘え」と対峙する言葉のようにも思える。だが、この「甘んずる」と「甘え」は古くは同根の語とされる。松尾芭蕉が、「ひとたびは坐してまのあたり奇景をあまんず(あるときは、座ったまま珍しい景色を想像して楽しむ)」(『奥の細道』)という場合の「甘んず」は、「満足する・楽しむ」と意味を持つ。ここからは〈対象を受け入れることでの充足した心境〉が読み取れる。そう考えれば、土居が言うように、「甘える」と同じ語群に入れてもよさそうである。

　次に、「すねる」「ひがむ」「ひねくれる」「うらむ」は、それぞれ異なる原因から生じる状態であるが、土居はこれらを〈甘えられない心理〉に関係するものと分析している。さらに土居は

「すねる」から「ふてくされる」「やけくそ」が派生すると考え、これら六語を一つの語群に分類している。

　さらに、土居は「たのむ」「とりいる」「こだわる」「きがね」「わだかまり」「てれる」について説明している。「たのむ」と「とりいる」は〈甘えを実現しようとする〉積極的な動きであるのに対し、「こだわる」「きがね」「わだかまり」「てれる」の四語はいずれも内心に不安や恐怖などを抱え〈素直に甘えを表現できない〉やや消極的な心理であるとする。こうすると、土居は「たのむ」「とりいる」「こだわる」「きがね」「わだかまり」「てれる」の六語を一つの語群として把握している。

　最後に挙げられているのは「すまない」の一語である。土居によれば、その語に〈今後も末永く甘えさせてほしい〉という心理が働いているという。土居はこの一語をどちらの語とも一緒に分類し取り扱っていないことから、この語自体を、どこにも特化・区分されない特有な語（あるいは広く各群にかかわる語）であると考えている可能性がある。だが、この点について、土居の具体的な記述はなく、彼の意図は不明である（八木は、「すまない」について、〈甘え実現のための気遣い〉として、「きがね」「とりいる」と同じグループに分類［男のみ］）。しかし、土居は、後に改めて「気がすまない」という一節で日本人の「すまない」を取り上げて論述していることから、おそらく土居は「すまない」を、日本人を理解するための重要な言葉として把握していると推測できる。

　上述した「甘え」の語彙14語以外に、〈ある種の対人関係の性質を記述する〉「人を食った態度」「相手を呑んでかかる」「相手をなめる」のような描写風の言い方も挙げられている。土居によれば、これらのものは「甘え」と無関係のように見えるが、実は〈「甘え」の欠損をカバーするために出た行動である〉とされる。このように、この三つの記述表現も「甘え」に関わる一群を

形成していると考えられる。

　これまで見てきた土居の記述を分類すると、以下の表3-4のようになる。

表3-4 「甘え」の語彙の語群分けと「甘え」の心理

「甘え」の語彙の語群分け	「甘え」の心理
甘える、甘い、(甘んずる)	甘えられる状態(あるいは甘えたつもりでいる)
すねる、ひがむ、ひねくれる、うらむ、ふてくされる、やけくそ	甘えられない状態に関する行動
たのむ、とりいる、こだわる、きがね、わだかまり、てれる	「甘え」を実現しようとする。素直に「甘え」を表現できない
すまない	末永く甘えさせてほしい
人を食った態度、相手を呑んでかかる、相手をなめている	「甘え」の欠損をカバーするために出た行動

　これまで、土居による「甘え」の語彙の解釈と八木による「甘え」の語彙14語のクラスター分析の結果との比較をしてきた。土居は表3-4のように「甘え」の語彙を認識しているのに対し、八木の調査に協力している被験者たちは男女別に表3-2と表3-3のように認識しているようである。「甘え」の語彙に対するイメージは両者一致しているところが多いが、相違があると思われるのは、①「てれる」の捉え方(八木:「甘え」実現の心理[男女とも]/土居:甘えられない)、②男性の「とりいる」の捉え方(八木:「甘え」実現のための気遣い/土居:「甘え」の期待)、③女性の「すねる」の捉え方(八木:「甘え」実現の手段/土居:甘えられない)と④男性の「わだかまり」の捉え方(八木:「甘え」を拒絶され敵意を抱く/土居:「甘え」を素直に表現できない)、の四点である。

　ここからは、「甘え」の男女別の傾向②③は八木の調査の妥当性が、現象の奥にある有意味的な解釈①④では土居論に有効性が感じられる。次節では、とりわけ、「甘えられる」「甘えられない」状態が規定する意味について、土居論をさらに詳細に検討することで意味論的構造を探ってみたい。

第五節　土居論:「甘え」の語彙の分類基準としての「甘えられる」「甘えられない」

　前節の「てれる」について、八木は「甘える」に近い概念に分類し、「甘え実現の心理」とするが、土居論では「甘えられていない」ために生じるとされる。また、「わだかまり」については、八木は、「甘えを拒絶された敵意」の内にその感情を見出すが、土居は「甘えを素直に表現できない」ことに見る。

　では、「甘えられる」と「甘えられない」のそれぞれの状況は、心理的にいかに反映されるのであろうか。

　土居によれば、日本人の対人関係は、「甘えられる親子の関係」「親子関係のように甘えられる関係」「甘えることのできない他人の関係」の三つの側面(親密度の段階)に区分されるという。①そこでは、自己と親の密な「甘え」関係を根源に、類似の関係、そのような関係が分断された関係が想定される。

　土居の基準に照らすとき、内的に甘えられる人間関係であるか、甘えられない人間関係であるかにより、その意味づけは異なることになる。そこに、「健康で素直な甘え」と「屈折した甘え(「甘え」の抑圧)」の二つの状態が想定される。「健康で素直な甘え」とは、甘えたい時に、甘えられることであり、甘えられる状態において素直に表現できる「甘え」である。それに対し、

---

① 『「甘え」の構造』、47頁参照。

「屈折した(抑圧された)甘え」とは、甘えたいと思っても素直に甘えようとせず、また甘えられない状態においても「甘え」を諦めようとしないことで生じる歪んだ「甘え」といえる。しかしながら、「健康で素直な甘え」であっても、「屈折した甘え」であっても、その根底で働いているのは同じく相手との一体感を実現しようとする心理である。言い換えれば、その根底には相手を求めよう、相手に接近しようとする感情や気持ちなどが潜んでいる。それゆえ、土居の「甘え」分類にはそれらすべてが配置される。

　ここで注意を払いたいことが一つある。つまり、「素直に表現できない甘え」、あるいは「屈折した形を有している甘え行動」は、根源的には「甘え」そのものによるものではなく、親密さの欲求が分断された甘えられないことによる結果だということである。その微妙なニュアンスが、土居の「甘え」の分類や定義に反映されることになる。このことをふまえ、①「てれる」と④「わだかまり」の解釈を再考してみよう。①「てれる」において、土居が八木と逆に、「甘えられていない」方に分類するのは、この感情が〈親密さの欲求が分断された甘えられていない状況〉に根差すからであると思われる。日本人が「照れ笑い」をするとき、確かに心理的な分断を感じていることに気づかされる。④「わだかまり」について、八木は、より強い表現で、「甘えを拒絶され敵意を抱く」事態と見るが、土居はその状況が持つ人間関係に注目し、〈親密な関係が築けず「甘え」を表現することができない〉状況として表現する。加えて、③の女性の「すねる」について、八木が「甘え実現の手段」と見るのに対し、土居は、男女の区別をせずに「甘えられない」に位置づける。この区分もまた、土居が、まず、親密さの程度に応じ、「甘えられる」か「甘えられない」かが根本的な意味規定の指標と考えていることが分かる。つまり、この「すねる」もまた、「甘え」たいのに「甘

えられない」状況にあるから、「甘え」を期待すると考えられるのである。

　以上のことから、第二章同様、土居論が現象の深みを見据えた意味論的な分析に依拠していることが理解される。

第四章　「甘え」概念の議論と新たなコード化

　前章においては、「甘え」にかかわる多様な語彙に現れる心理についての土居と八木の解釈を比較・考察し、土居論の分類根拠が「甘えられる」―「甘えられない」という「甘え」の受容・非受容にあること、また、「甘え」を仲立ちとした他者との親和性(あるいは乖離度)にあることが判明した。しかも、そうした二元的な原体験が、それぞれ「健康で素直な甘え」と「屈折した(抑圧された)甘え」をもたらし、とりわけ、後者の内にさまざまな精神病理の原因を医師として見出したのである。土居にとって「甘え」の心理は、「本来乳児が母親に密着することを求めること」[1]に由来し、より根源的には、「人間存在に本来つきものの分離の事実を否定し、分離の痛みを止揚しようとすること」[2]より発せられると理解される。

　ただ、こうしたアプローチは、土居自身、「大層抽象的で持って廻った言い方をした」[3]と述べるように、学問的な記述の厳密さを欠き、当時さまざまな立場から、土居の「甘え」概念に対し、その抽象性が指摘された。

　本章では、まさにこうした土居論の抽象性に対して議論を投

---

① 『「甘え」の構造』、106頁。
② 『「甘え」の構造』、106頁。
③ 『「甘え」の構造』、274頁。

げかける二人の人物、木村敏と加藤和生の見方を取り上げてみたい。

第一節　木村の批判と土居の回答

　土居は、「甘え」の根源を、乳児と母親の一体性と見、その後の分離された現実を痛みとともに止揚することを、我々人間存在の生の本質とみなす。

　このような土居の解釈に対し、木村敏は『大言海』及び『広辞苑』の語釈を引用して疑義を呈している[1]。前著では「甘ゆ」の語義として、「人ノ、情アルニモタレル。アイダル」とあり、「甘える」には、「児童、幼女ノ、父母ノ愛ニ馴レテ、キママニス。ソバエル。ホダエル。アマエタレル」[2]となっている。『広辞苑』では、「①甘みがある。②馴れ親しんでこびる。馴れ親しんで得意になる。あまったれる。③恥ずかしくて工合がわるい。てれる」[3]となっている。木村はこれらの引用した辞書の解釈を根拠に、「甘え」とは、「一体化を求める依存欲求を表す言葉ではなくて、いわばすでに相手に受け入れられ、一体化が成立している状態において、もしくはそのような許容が成立しているという自分本位の前提の上に立って、勝手気儘なほしいままの振舞をすることを意味している」[4]と述べている。土居が、現実の「甘え」を、母親的な大いなる包摂への根源的な一体化の過程で生じるものと見るのに対し、木村は、現実の自他一体化・許容化が成立した中でのわがまま的な行為であるとの見方をとる。

---

[1] 木村敏『人と人との間―精神病理学的日本論―』（弘文堂、1972年）148―149頁。
[2] 『新訂大言海』、86頁。
[3] 新村出『広辞苑』（岩波書店、1965年）58頁。
[4] 『人と人との間―精神病理学的日本論―』、149頁。

　以上見てきた両者の見解は、〈「甘え」は一体化を求める欲求か否か〉〈「甘え」は自己本位の勝手気ままな振る舞いか人間存在の本源的回復の欲求か〉の点でずれを見る。

　では、まず、「甘え」は〈一体化を求める欲求か〉という点について土居の回答を見ていこう。木村の「甘えは一体化を求める依存欲求を表す言葉ではない」という主張に対し、土居は次のように反論している。「甘えの感情は接近の動きを含んでおり、その意味で欲望的感情ということができる。」[1]それゆえ、「木村氏が甘えという感情には欲求的なものが一切含まれていないと主張するならば、これは問題であろう」[2]と批難するのである。加えて、土居はこの論争を受け、2001年に出版した『続「甘え」の構造』において再び「甘え」を「人間関係において、相手の好意をあてにして振舞うことである」[3]と、相手への接近欲求を肯定的に定義している。

　では、次に「甘え」は〈自己本位の勝手気ままな振る舞いか〉という疑念に対する土居の見解を見ていこう。

　木村による「甘え」の定義では、「わがまま」や「勝手気ままなほしいまま」という語が「振る舞い」に付加される。さらに、木村は「自分本位の前提に立って」と補足し、「甘え」を一層マイナスイメージの方向へと引き下げている。一方、土居では、「相手の好意を当てにすること」と相手への依存は表明されるが、土居の解釈のどこにも「わがまま」や「勝手気まま」といったような言葉遣いは見当たらない。言うまでもなく、土居の場合、「甘え」の本義に木村が主張するようなマイナスイメージを据えることはない。現実社会において見出せる〈健康でない甘え〉あ

---

[1]『「甘え」の構造』、275頁。
[2]『「甘え」の構造』、275頁。
[3]『続「甘え」の構造』、65頁。

るいは〈病的とみなされる甘え〉については、彼の場合、本源的な「甘え」への欲求が抑圧された事態と理解される。

「甘え」には、「健康で素直な甘え」と「屈折した甘え」があることは、前章において少し触れた。それについては土居も『続「甘え」の構造』において以下のように述べている。

「健康で素直な甘え」①とは、「相手との相互的な信頼を軸にした甘え」②であり、このような良好な関係に根ざした甘えは自然発生的であり、無自覚③である。一方、人間は甘えたくても甘えられない状況に陥ると、「すねる」「うらむ」「ひがむ」「ひねくれる」などの感情を抱き、これが「屈折した甘え」である。「健康で素直な甘え」は、満足の主体が自分だけではなく相手にもあるので、相手を信頼し、相手を思いやることができるものとなる。しかし、「屈折した甘え」は、満足の主体が自分の側にあり、相手よりも自分が満足できるかどうかに関心が向けられている。つまり、「屈折した甘え」を持つ人は、「甘え」を与えることと受け取ることのバランスを失っていると捉えられる。また、「甘えたいが甘えられない」「いったん甘えられないとなるとまたいつ甘えられるようになるか分からない」という状況の中で、「甘え」の心理がアンビバレントな性質を帯びることになる。そして、土居は、この「甘え」に伴うアンビバレントな状態は、「自己愛」と結びついている④、と『続「甘え」の構造』において述べるのである。一種の精神的弱さや欠乏状態である自己愛的な状態は、甘えたいのに甘えられず、一方的な要求がましい性質をもった「甘え」の心理に近いのである。

---

① 『続「甘え」の構造』、109頁。
② 『続「甘え」の構造』、109頁。
③ 『続「甘え」の構造』、109頁。
④ 『続「甘え」の構造』、94—113頁参照。

　前述のことをふまえると、「甘え」は〈自己本位の勝手な振る舞い〉＝自己愛的という木村の主張は、土居論的には、抑圧された防衛反応としての「屈折した甘え」と位置づけられる。

　最後に、両者の一致する見解も確認しておきたい。木村が、「甘えは一体化を求める依存欲求を表す言葉ではない」と述べる一方で、「甘えは相手の愛情を当てにする感情であり、一体化が許容されている場合に起きる感情である」[①]と主張している。この後者の見解に対して土居は全く異論を持つところか、むしろ「それこそが私がこれまでのべてきたことと同じである」[②]と言い添えている。つまり、両者は、「甘え」を肯定的に見るか否定的に見るかでは根本的に立場を異にするが、〈「甘え」は一体化の許容において生じる〉という点で一致を見るのである。だが、この一致にもかかわらず、「甘え」をめぐる両者の根本的な理解の相違は埋まることはないと考えられる。土居は、「甘え」を、「人間存在に本来つきものの分離の事実を否定し、分離の痛みを止揚しようとすること」[③]と規定するように、「甘え」の持つ本源的・存在論的欲求を是認するからである。

第二節　加藤の議論と土居論に照らした問題点

　Kato(1995)[④]は、「甘え」や「甘え」のやりとりに含まれる要素を抽出し、それを「甘え」と一般には同義語のように使われがちな概念である「依存」と比較対照することで「甘え」概念の特徴

---

① 『「甘え」の構造』、276頁。
② 『「甘え」の構造』、277頁。
③ 『「甘え」の構造』、106頁。
④ Kato, K. *Empirical Studies of Amae Interactions in Japanese and American Adults: Constructing Relational Models and Testing the Hypothesis of Universality.* Ann Arbor, MI: University of Michigan, 1995.

を取り出そうとする。土居の「甘え」論を相対視する意味で、加藤論について概要を示しておこう。

　加藤は、「甘え」と「依存」の関係を理解するために、「甘えとはどういうことか」「甘えるとはどうすることか」また「それは依存とどのように違うのか」について自由記述のアンケート調査を行っている。

　その結果を受け、被験者の「甘え」観を次のように整理する（Aは甘える人、Bは甘えさせる人を指す）。

　　　①AとBの双方向のコミュニケーションであり、②「甘え」行動の目的はBに依存する、または援助を求める、サポートを求める、Bにふざける、または時にはBに自己主張をすることによって、間接的にまたは直接的に相互の一体感の喜びを経験することであり、③Aが甘えるとき、Bが受け入れてくれるだろう、または受け入れるべきだという期待を持ち、④相互に「甘え」のやりとりを楽しむためには、自分の「甘え」行動がBの受容力の限界を超えないようにするため、自分自身やBの行動、感情、立場などをモニターしたり、自分自身の行動を自制できることが不可欠である。（Kato, 1995: 73-74）

　先の記述から抽出される「甘え」の要素として挙げられるのは、「双方向」「依存」「一体感」「期待」「自制」などである。

　しかし、加藤の研究は、「甘え」と「依存」を対峙的に示して被験者に回答を求めていたために、被験者が「依存」との差異を意識しながら「甘え」についての考えを記述した可能性がある。すなわち、被験者は対立する概念として「依存」を頭に浮かべながら、それとの関係で成立する「甘え」概念の属性や特徴を記述

したかもしれない。そのため「甘え」は、本来、広範囲な意味を含み持つ概念であるにもかかわらず、「依存」との差異を強調しているところだけが取り出された可能性がある。また、「甘え」のやりとりが「甘える側（A）」と「甘えさせる側（B）」の「双方向」を有していることが明らかにされるが、「甘えさせる側（B）」の分析に欠けている。

　さらに高松・加藤（2001）[1]は、「甘え」「甘える」「甘えさせる」の素朴概念を明らかにするために、「あなたは『甘え（甘える、甘えさせる）』とは、それぞれどういうもの、どういうことをすることであると思いますか」について質問紙を用いて調査を行っている。この加藤らの質問紙記述調査は、被験者が16〜59歳の男女105名（男：30名、女：75）と多様であるため、調査対象の偏りによる結果の偏向も少なく、調査結果は客観性のあるものとして扱ってよい。ただ、尺度や因子などが設定されないので、これらが結果に与える影響は除外してよいと考えられる。

　加藤らは、この調査結果に基づき、それぞれの概念に関する上位意味カテゴリーの表を作成している。その上位カテゴリーの数は、それぞれ「甘え」17個、「甘える」13個、「甘えさせる」12個になっている。

　では、「甘え」「甘える」「甘えさせる」はそれぞれどんな特徴を有しているといえるのか、あるいは日常生活においては人々にそれらの言葉をどのように理解しているのであろうか。以下、類似した記述を整理した上で、上位カテゴリーにしぼり、高松・加藤（2001:159-167）の調査結果を示してみたい（表4-1、表4-2、表4-3）。

---

[1]　高松雄太、加藤和生「『甘え』『甘える』『甘えさせる』とは何か？ ―素朴概念の分析を通して―」（『九州大学心理学研究』第2号、2001年）。

表4-1 「甘え」:回答者数2名以上のコード

1.対人欲求(20)
1)人を頼りにしたり、あてにする気持ち(7)
2)人が受容してくれるだろうという期待・安心感(6) ・「この人は自分を許してくれるだろうか」や「この人は自分をうけいれ 　てくれるだろう」という期待と安心感(4) ・「これぐらいは許されるだろう」と考えること(2)
3)人を頼りにする気持ちが強いこと(2)
4)わがままな気持ち(5)
2.ある種のコミュニケーションの仕方(61)
1)怠惰であること(16) ・嫌なことや苦しいことを避け、楽な方へと逃げようとすること(6) ・しなければいけないことを後回しにすること(3) ・怠けたり、さぼったりすること(3) ・心の弱さ(2) ・妥協すること(2)
2)自分がしたいことでなければ人に頼ること(10) ・自分一人でできることでも人に頼ること(6) ・人に頼ってばかりいること(2) ・必要以上に人を頼ること(2)
3)自己開示をすること(8) ・自分の本心を人に伝えたり、ありのままの感情を人に見せること(5) ・自分の弱いところやだらしない部分を人に見せること(3)
4)人に頼ること(6)
5)わがままを言う・わがままに振舞うこと(5) ・わがままに振舞うこと(3) ・わがままを言うこと(2)
6)人に依存すること(4)
7)人から愛情を受けようとすること(4) ・相手に思ってもらったり、可愛がってもらうこと(2) ・自分の弱さや欠点を愛情で支えてもらうこと(2)

続　表

8)一人でできないことを頼ること(2)
9)「相手その人だからできる」ような頼みのこと(2)
10)自分の弱い部分を見せて慰めてもらったり、頼みを聞いてもらうこと(2)
11)なれ合うこと(2)
3.対人評価
1)物事への取り組みと対人態度が甘いこと(8) ・自分に甘いこと(6) ・自分の言動や自分の立場に無責任であること(2)
2)幼さが抜け切れていないこと(2)

注：括弧内の数字は、回答者数である。回答者数：97名(男：27、女：70)。

表4-2　「甘える」：回答者数2名以上のコード

1.対人欲求(7)
1)人に頼りすぎる気持ち(5) ・人を頼りにする気持ちが強いこと(3) ・自分一人でできることでも、人をあてにする気持ち(2)
2)人を頼りにする気持ち(2)
2.ある種のコミュニケーションの仕方(66)
1)わがままを言う・わがままに振舞うこと(22) ・わがままに振舞うこと(16) ・わがままを言うこと(6)
2)自分がしたいことでなければ人に頼ること(12) ・自分ですべきことでも人に頼ること(4) ・自分一人でできることでも人に頼ること(4) ・自分が楽をしたいために人に頼ること(2) ・自分一人ではできないことを人に頼ること(2) ・自分がやりたくないことを人にしてもらうこと(2)

3）人に頼ること（11）
4）人に頼ってばかりいること（6）
5）自己開示をすること（4）
6）可愛がってもらったり、やさしくしてもらうこと（3）
7）一人でできないことを頼ること（2）
8）自分の弱い部分を人に見せたり自分の本心を人に伝え、頼みを聞いてもらうこと（2）
9）人に慰めてもらったり、ホッとさせてもらうこと（2）
10）人の好意をずうずうしく受け入れ、それを利用すること（2）
3.態度や行動への評価（2）
1）自分の言動や自分の立場に無責任であること（2）

注：括弧内の数字は、回答者数である。回答者数：95名（男：28、女：65）。

表4-3　「甘えさせる」：回答者数2名以上のコード

1.対人欲求（7）
1）人に自分を頼りにしてほしいと思うこと（7）
2.ある種のコミュニケーションの仕方（75）
1）人の願いを何でも聞き入れること（18） ・人のわがままを聞き入れること（12） ・人の願いを何でも聞くこと（6）
2）人に精神的サポートを与えること（18） ・人の気持ちを慰めてあげること（6） ・悩み事の相談に乗ってあげること（5） ・人に優しくすること（4） ・人が精神的な安らぎを感じられるような深い愛情のこと（3）

続　表

3）人を受容すること（9）
・人がありのままの自分を出せるように、その人が気を許せる雰囲気を作ること（4）
・人を受容してあげること（3）
・寛大な気持ちで人を受けとめること（2）
4）人がどんなことを言っても、どんな行動をしてもすべて許してしまうこと（4）
5）人に対して過保護であること（5）
・人が自分一人の力で解決できることや、一人でしなくてはいけないことを代わりにしてあげること（3）
・人にものやお金を与えすぎること（2）
6）自分が、あるいは自分に好意を持つ人に願いを寛大に聞き入れること（4）
・無理な願いでも、自分を信頼してくれれば寛大な気持ちで願いを聞くこと（2）
・自分が好きな人の頼みを「しようがないなあ」と思いながら、つい受け入れてしまうこと（2）
7）人を守ること（4）
8）人を放任すること（6）
・人がやってはいけない事をやっているのを注意せずに容認すること（2）
・自分勝手にさせること（4）
9）人の言動を許すこと（4）
10）人の頼みを聞いてあげること（3）
3.態度や行動への評価（6）
1）人が自立しよう、努力しようという気持ちを奪うこと（6）
・人が自立しようとする気持ちを失わせること（4）
・人が努力しようとする気持ちを失わせたり、生きていく上で必要な行動をできなくする恐れのある行為のこと（2）

注：括弧内の数字は、回答者数である。回答者数：89名（男：27、女：62）。

　表4-1、表4-2と表4-3が示しているように、「甘え」において、最も回答頻度が高かった上位カテゴリーは、ある種のコミュニケーションの仕方を指していると思われる〈怠惰であること〉

である。次に続くのが、〈自分がしたいことでなければ人に頼ること〉、〈物事への取り組みや対人態度が甘いこと〉、〈自己開示〉である。

一方、「甘える」において、最も回答頻度が高かった上位カテゴリーは〈わがままを言う・わがままに振舞うこと〉である。次に続くのが、ある種のコミュニケーションの仕方に含まれる〈自分がしたいことでなければ人に頼ること〉、〈人に頼ること〉である。

このように、「甘え」という名詞の素朴概念と「甘える」という動詞の素朴概念のあいだで共通した回答（自分がしたいことでなければ人に頼ること）が見られるものの、その特徴が報告される頻度には差が見られる。また、異なる点では、「甘え」の素朴概念で最も回答頻度が高かった上位カテゴリーである〈怠惰であること〉は、「甘える」では見られない。

次に「甘えさせる」において、最も回答頻度が高かった上位カテゴリーはある種のコミュニケーションの仕方に含まれる〈人の願いを何でも聞き入れること〉と〈人に精神的にサポートを与えること〉である。次に続くのが、〈人を受容すること〉、〈人に自分を頼りにしてほしいと思うこと〉である。

以上が、加藤らによる「甘え」「甘える」「甘えさせる」のアンケート結果の概要である。ただ、この分類では、事態の意味や結果の考察について詳細に報告されていない。加藤らの調査結果を受け、その問題点と新たな見方について、以下、私見を述べてみたい。

加藤らが調査結果として示した「甘え」の場合、〈対人欲求〉における〈人を頼りにしたり、当てにする気持ち〉と〈人を頼りにする気持ちが強いこと〉の二項目、〈ある種のコミュニケーションの仕方〉における〈自分がしたいことでなければ人に頼ること〉と〈人に頼ること〉と〈人に依存すること〉と〈一人でで

きないことを頼ること〉の四項目は、実は同じく〈人を頼りにする気持ち・振る舞い〉の一項目に集約できるのではないか。というのは、上の六項目は、究極において、いずれも〈人を頼りにすること〉であり、ただ程度の違いに過ぎないからである。すなわち、自分がしたいことであってもしたくないことであっても、一人でできることであってもできないことであっても、結局、人に依存したり、人を頼りにしたりするという点では共通するからである。「甘える」においても、〈対人欲求〉における〈人に頼りすぎる気持ち〉と〈人を頼りにする気持ち〉の二項目、〈ある種のコミュニケーションの仕方〉における〈自分がしたいことでなければ人に頼ること〉と〈人に頼ること〉と〈人に頼ってばかりいること〉と〈一人でできないことを頼ること〉の四項目も、〈人に頼ること〉の一項目にまとめることができる。つまり、〈人を頼りにする気持ち〉においては「甘え」と「甘える」は全く共通しており、最大数の上位概念に位置づけられると考えられる。

　次に、「甘え」において、〈対人欲求〉における〈人が受容してくれるだろうという期待・安心感〉の一項目、〈ある種のコミュニケーションの仕方〉における〈自己開示すること（自分の本心を人に伝えたり、ありのままの感情を人に見せることや自分の弱いところやだらしない部分を人に見せること）〉と〈自分の弱い部分を見せて慰めてもらったり、頼みを聞いてもらうこと〉と〈人から愛情を受けようとすること（相手に思ってもらったり、可愛がってもらうこと）〉の三項目は〈受容を期待した行為〉として一つにまとめることも可能である。なぜならば、それら四項目のいずれもが、〈自分の弱いところや弱い部分や弱さや欠点などを人に見せ、また本心やありのままの感情を人に見せることにより、相手に思い遣ってもらったり、可愛がってもらったり、慰めてもらったりするなどを考え、人からの愛情や受容

を期待している〉という感情や心理を指しているからである。結局、〈受容を期待し相手の好意をあてにする気持ち〉と理解してよいだろう。「甘える」においても同様に、〈ある種のコミュニケーションの仕方〉における〈自己開示をすること〉と〈可愛がってもらったり、やさしくしてもらうこと〉と〈自分の弱い部分を人に見せたり自分の本心を人に伝え、頼みを聞いてもらうこと〉と〈人に慰めてもらったり、ホッとさせてもらうこと〉の四項目は一応今述べている「甘え」と同じくする〈相手の受容を期待し相手の好意をあてにすること〉という項目にまとめられるように思われる。

　さらに、「甘え」における〈わがままな気持ち〉と〈わがままを言う・わがままに振舞うこと〉は同じグループと考えられる。いずれも、単なる〈相手の好意を当てにする気持ち〉を超え、〈その好意が期待できるとすでに判断できる状態において、相手の感情を無視して利己的に愛情を求める気持ち〉に当たる。それと同様に、「甘える」における〈わがままを言う・わがままに振舞うこと〉と〈人の好意をずうずうしく受け入れ、それを利用すること〉も同じグループと考えられる。

　同様に、「甘えさせる」の回答に関しても、すべてで13項目にコードされているが、コード間の重なり度合いを考慮し、それよりも上位のコードが考えられる。まず、〈ある種のコミュニケーションの仕方〉における〈人の願いを何でも聞き入れること〉と〈自分が、あるいは、自分に好意を持つ人の願いを寛大に聞き入れること〉と〈人の頼みを聞いてあげること〉の三項目は同じく〈人の頼みに応えること〉という上位項目にまとめられる。次に、〈人に精神的サポートを与えること（人の気持ちを慰めてあげること・悩み事の相談に乗ってあげること・人に優しくすること・人が精神的な安らぎを感じられるような深い愛情のこと）〉という項目は〈相手への思いやりからなされる深

い愛情や精神的サポート〉である。そして、〈人を受容すること〉と〈人がどんなことを言っても、どんな行動をしてもすべて許してしまうこと〉と〈人に対して過保護であること〉と〈人を守ること〉と〈人の言動を許すこと〉の五項目は、〈人のさまざまな言動を容認し受容すること〉とまとめられる。

　前述したことをふまえるならば、加藤らの調査結果に顕著であることは、「甘え」「甘える」は、双方向的で一体的な関係のもと、広義の「他者に頼ること（「人に頼る」「依存する」こと）」や「受容を期待すること」が意図され、とりわけマイナスのイメージは、「甘え」が「怠惰であること」「相手の感情を無視して利己的に愛情を求めること」で、「甘える」が「相手の好意を利用し、わがままを言う・わがままに振る舞うこと」となる。それに対し、「甘えさせる」は、「人のわがままな言動をほぼ無原則的に容認し受容すること」となる。このように、「甘えさせる」には「甘やかす」の意味も含まれるのではないかと思われる。ただし、本章の冒頭で確認したように、相互に「甘え」のやりとりを楽しむためには、自分の「甘え」行動が相手の受容力の限界を超えないように、自分自身の行動を「自制」できることが不可欠となる。

第三節　「甘え」「甘える」「甘えさせる」に関する素朴概念のコード化

　前節において、加藤らの調査における「甘え」「甘える」「甘えさせる」の素朴概念についての考察結果を整理したうえで、それぞれの中心的な意味要素を抽出してその上位概念と考えられる事項を指摘し、素朴概念のコード化を行った。本節においては、それらの考察結果を、以下の表4-4にまとめてみたい。

表4-4 「甘え」「甘える」「甘えさせる」の素朴概念のコード化

甘え	〈人を頼りにする気持ち〉
	〈受容を期待し相手の好意をあてにする気持ち〉
	〈その好意が期待できるとすでに判断できる状態において、相手の感情を無視して利己的に愛情を求める気持ち〉
甘える	〈人を頼りにすること〉
	〈相手の受容を期待し相手の好意をあてにすること〉〈相手の好意を利用し、わがままを言う・わがままに振る舞うこと〉
甘えさせる	〈人の頼みに応えること〉〈人のさまざまな言動を容認し受容すること〉
	〈人のわがままな言動をほぼ無原則的に容認し受容すること〉

　このように、「甘え」と「甘える」は意味的には完全に対応しているとはいえないが、ほぼ重なっているといえる。「甘え」はある種の本能的な欲求であり、ある種の感情や気持ちであり、それ自身が抽象的概念で具体的に観察されることができない。しかし、その外的表現とされる「甘える」などの行動は観察され得る。例えば、〈子どもはお母さんに甘えている〉という場合、「甘えている」感情は、お母さんに抱っこしてもらうとか、抱っこされると直ちにお母さんの懐に飛び込むようになるなど、行動として観察される。しかし、「甘え」はこのように観察された行動自体ではなく、このような行動が示す感情やこのような行動に対応した心理概念を表す。つまり、「甘え」という名詞は「甘える」などの具体的な行動に見られる（あるいはそこから抽出される）感情や心理を広く包含した概念といえる。

　ただし、「甘え」関係を考慮する場合、次のようなことを注意してほしい。「甘える」と「甘えさせる」は「甘え」のやりとりにおける本人と相手との双方的関係を示す感情動詞であると普通

に考えられている。Aが甘える一方であれば、Bが甘えさせる他方になると思われがちであるが、実はそうではない。というのは、「甘え」関係における一方を〈甘える側〉、他方を〈甘えさせる側〉と簡単に規定できることではないからである。表4-1が示しているように、「甘える」は〈人に頼ること〉で、「甘えさせる」は〈人の頼みに応えること〉であるが、「甘え」の方向性からすると、確かにそれぞれが逆方向に位置する。しかし、「甘え」関係における一方は単なる〈人に甘える側〉あるいは〈人を甘えさせる側〉にとどまるだけでなく、入れ替わる関係性が潜在している。つまり、同じ「甘え」関係における〈人に甘える側〉と〈人を甘えさせる側〉は、逆にそれぞれ〈人を甘えさせる側〉と〈人に甘える側〉になり得るのである。

　例えば、上に挙げられた〈子どもはお母さんに甘えている〉という場合を考えてみよう。ここでは、通常、子どもが〈甘える側〉で、お母さんが〈甘えさせる側〉と捉えられる。先に挙げた「お母さんに抱っこしてもらう」や「お母さんの懐に飛び込む」などの行為はその表れといえる。だが、母親は、単に、子どもの「甘え」の欲求を受容しただけであろうか。母親も子どもを抱っこすることにより、ある種の自分の「甘え」を実現しているといえないであろうか。土居論に照らせば、大人の側にも根源的な依存欲求や「甘え」の欲求が存在し、それが子どもの受容と同時に自己の欲求をも満たしていると考えられる。そこでは、抱っこすることと抱っこされることによって双方が一体的に心理的身体的欲求を充足させているといえる。

　このことから、一見、〈甘える側〉は能動的に甘え、〈甘えさせる側〉は受動的に甘えていると見える事態においても、両者ともにそれぞれの根源的な「甘え」を実現していると理解される。つまり、顕在的には、一方は甘えており、もう一方は甘えさせているが、潜在的には、双方とも相手に甘えている、といえるのである。

第二部

「甘え」の倫理的概念に関する考察

　第二部においては、「甘え」に関する倫理的概念の考察を行う。この第二部は三章から構成される。主として「甘え」と「愛」との連関を探求する。「愛」には、フロイトの「自己愛」、デカルトの「情念の愛」、アリストテレスの「フィリアの愛」などが挙げられる。第二部において、第五章では、欲求としての愛について、第六章ではフィリアについて、第七章では人間関係と孤独感について、それぞれ検討する。具体的には、第二部では、以下の手順をふみ、「愛」という要素から「甘え」の倫理的構造を描出していく。

　第五章（欲求としての愛）では、土居による「甘え」と自己愛の親和性に関する指摘を承け、自己愛を「愛されたい欲求」として捉えることで、「甘え」の考察に愛という要素が関わってくることを指摘する。

　第六章（フィリア）では、「甘え」における愛の形態を、アリストテレスにおけるフィリアを通して考察する。フィリアを特徴付けるのは授受における均等性であることを指摘し、この性質ゆえにフィリアは現実的で、持続的な「甘え」にふさわしいという結論が導かれる。

　第七章（人間関係と孤独感）では、誰かと関わることへの欲求が満たされないことによって生じる孤独感が、一体感への欲求としての「甘え」と起源において似ているということを指摘する。

第五章　欲求としての愛

第一節　自己愛

　「自己愛」という概念は、ジークムンド・フロイト（Sigmund Freud、1856—1939）の精神分析学でとりあげられている。精神分析学においては、「自己愛」とはリビドーと呼ばれる心的エネルギーが自分自身に向くこと、自分自身を愛情の対象とすることである。フロイトは、誕生直後の自他の区別が未分化な時期にリビドーがもっぱら自己に向いている状態を「一次的ナルシシズム（自己愛）」[1]と呼び、発達後に本来は他者に向けられるべきリビドーが自己へ充足された結果を「二次的ナルシシズム（自己愛）」[2]と呼んでいる。したがって、フロイトは「自己愛」の状態においては、対象関係は成立していないと考えたのである。

　しかしながら、土居は、対象を不必要とする状態を「自己愛」とするフロイトの定義を否定し、〈愛されたい欲求〉すなわち〈「甘え」の欲求〉が人間の原初的な欲求であり、その「甘え」が満足されない時にその結果として生じる状態が「自己愛」である

---

[1]　フロイト（中村古峡訳）『世界大思想全集22：精神分析学』（春秋社、1929年）322頁参照。
[2]　『世界大思想全集22：精神分析学』、330頁参照。

とする。こうした見解のずれは、「甘え」について自他の深層的な相互関係をめぐる前章の「土居論（双方向）—加藤論（一方向）」の対立構造に類似する。

　土居によると、このような考えは、「自己愛」の発生は受身的対象愛（対象に愛されたいと思う心）に関係しているとするマイケル・バリント（Michael Balint、1896—1970）の説に近いという[1]。バリントは、彼自身が臨床上で観察する患者の「自己愛」は必ず原始的な願望を充足させることを治療者に期待し、要求すると述べており、患者の願望は対象指向的であるとしている[2]。土居は、このバリントの考えにしたがい、病的な「自己愛」は対象指向的方面にのみ働き、対象によって愛されたいという受身的対象愛が満たされない場合に起こるとしている。そして、この病的な「自己愛」は、受身的対象愛の欠乏状態により、対象関係においてわがままで要求がましい状態を伴うことになる。それは受身的対象愛が満たされないことによる二次的産物であると考えられる。したがって、「自己愛的甘え」とは、「甘え」が満たされず、甘えたくとも甘えられないために生じた〈わがまま性〉や〈偏った恣意性〉を伴う利己的な「甘え」であると考えられる。このように、自己閉鎖性を特徴とし、対象関係を考慮に入れないフロイト的な「自己愛」理論では説明することができなかった病的な「自己愛」の特性は、対象に愛されたい「自己愛的甘え」の未受容という土居の視点を考慮することによって明らかになるといえる。

---

[1]　土居健郎『土居健郎選集 2:「甘え」理論の展開』（岩波書店、2000 年）293 頁。
[2]　マイケル・バリント（森茂起、枡矢和夫、中井久夫共訳）『一次愛と精神分析技法』（みすず書房、1999 年）97 頁。

第二節　「自己愛的甘え」とその構造

　土居と同様に、稲垣実果も、「甘え」の観点から「自己愛」を捉えている。稲垣は、「自己愛的甘え」尺度を作成し、対象関係の中で露わになる「自己愛」の特徴を明らかにしている。稲垣（2007）[1]では、「自己愛的甘え」を「甘えが満たされず、甘えたくとも甘えられないがゆえに、一方的で要求がましい自己愛的要求を伴う甘え」であると定義し、「屈折的甘え」「配慮の要求」「許容への過度の期待」の三つの尺度を利用し、自己愛的「甘えの構造」について検討している。

　まず、第一の尺度である「屈折的甘え」を通して「甘え」について見ていこう。稲垣による「屈折的甘え」とは、土居の「屈折した甘え」に対応するものである。土居は、この「屈折した甘え」は「甘えたいのに甘えられない」「他者に自分を認めてもらいたい」という基本的欲求が転換し、不機嫌（すねる）・軽い被害妄想（ひがみ）・公然とした敵意（ふてくされる）などの形態をとる「甘え」であると規定する。そこには、自他関係において、相手との相互的信頼の基礎がなく、甘えたいのに甘えられないという、自己愛的な一種の欠乏状態が生じている。この欠乏状況の中で、甘えたいのに甘えることができないため、「甘え」が一方的で要求がましい自己愛的な要求の形をとるようになると考えられる。それゆえ、稲垣の言う「屈折的甘え」とは、こうした「甘えたいのに甘えられないがゆえに、他者に素直に甘えをむけることができず、一方的で歪んだ形態をとる甘え」を意味する。

---

[1]　稲垣実果「自己愛的甘え尺度の作成に関する研究」（『パーソナリティ研究』第16巻第1号、2007年、13—24頁）。

　次に、第二の尺度の「配慮の要求」について説明してみよう。稲垣（2007:15）によれば、「配慮の要求」は、上地・宮下（2002）[1]において、自己愛的脆弱性尺度の一つとしてあげられるという。上地らは、「配慮の要求」を「他者からの特別の配慮を受けるに値すると感じ、そのような配慮が得られないと不満や怒りを感じやすい傾向」と定義する。そして、そのような傾向の背後には特別な配慮がないと心理的安定や自己評価を保たないという脆弱性とともに、ある種の特権意識や誇大性が存在しているのではないかという。つまり、この「配慮の要求」は、「自分はもっと配慮されるべき人間である」という誇大的自己イメージを抱く一方、自己をはっきりと主張していないにもかかわらず、存在意義を認められたり賛同されたりするだけでは足らず、取り巻きによって特別にちやほやされることを求めている点で自己愛的な「甘え」といえるのである。[2]このように、心理的な安定や自己評価の維持に向けて配慮を求める自己愛的脆弱性を背景に持つ「甘え」が存在すると考えられる。それゆえ、ここでいう「配慮の要求」とは、稲垣によれば、「他者に対して自分に特別な配慮を向けてくれることを要求し、周囲がその要求に応じないと不満を感じる傾向」[3]を意味する。

　最後に、第三の尺度である「許容への過度な期待」から「甘え」について考えてみよう。稲垣によれば、山口勧[4]は「不適切な行動が許容されると期待すること」を「甘え」の一側面として考え

---

① 上地雄一郎、宮下一博「コフートの自己心理学に基く自己愛的脆弱性尺度作成」（『パーソナリティ研究』第14巻第1号、2005年、80—91頁）。
② 「自己愛的甘え尺度の作成に関する研究」、15頁参照。
③ 「自己愛的甘え尺度の作成に関する研究」、15頁。
④ 山口勧「日常語としての甘えから考える」（北山修編『「甘え」について考える』星和書店、1999年、31—45頁）。

ている[1]、という。山口の言う「不適切な行動」とは、その人の年齢や置かれた状況などからすべきではないことをしたり、すべきことをしなかったりすることである。[2]そして、山口は、さらに、そのような傾向が極端になり、「どんなに不適切な自分でも認められるだろう」「自分の不適切さのためにどんなに人に迷惑をかけても許してもらえるだろう」といった過度な期待を持つ人が現れるという。そうした極端で利己的な期待が、依存関係および対人関係において、甘え的な一体感を要求することになると指摘する。このように、受身的で、なおかつ他人に多くを要求する態度を取りつづける傾向の背後には、他人との自己愛的一体感を求めたり、ほしいままにさせてもらったりするのが当然であるというような自己愛的な意識が存在すると考えられる。稲垣は、このような「周囲の人々から許容されるであろうという過度の期待を持つ傾向」を「許容への過度の期待」とする。[3]

　以上見てきた「屈折的甘え」「配慮の要求」「許容への過度の期待」の三つの尺度は「自己愛的甘え」の形をとるといった共通性を持っている。逆にいえば、「自己愛的甘え」は、「屈折的甘え」「配慮の要求」「許容への過度の期待」といった特徴を持っていると考えられる。また、各観点の比重については、稲垣によれば、「自己愛的甘え」は、一方的で歪んだ形態をとる「甘え」である「屈折的甘え」を中心概念としながら、他者に対して配慮や過度の許容を期待するような、一方的な要求がましさも含むものと理解される。そのような「自己愛的甘え」は、一方的に他者との一体感を求め、他者に対して過度の配慮や過度の許容を期待

---

[1]「自己愛的甘え尺度の作成に関する研究」、15—16頁参照。
[2]「自己愛的甘え尺度の作成に関する研究」、15頁参照。
[3]「自己愛的甘え尺度の作成に関する研究」、16頁参照。

し、要求や欲求が満たされないと不満や怒りなどの感情が生じ
やすい。この意味で、「自己愛的甘え」は「健康的でない甘え」と
いえる。

　結局、「自己愛的甘え」を持つ人間は、「甘え」を受け取ること
に目を向けてばかりいて、自己の感受性を誇大に持つようにな
り、愛されても自分の期待に応えるほど愛されていないという
嘆きを覚える。自分が愛されたいのに愛されていないと思っ
た結果、自分の思うとおりに十分に愛してくれない対象に不満
や怒り、さらに恨みなどの感情を抱くようになる。このように
「自己愛的甘え」の最大の特徴としては、一方的に対象が自分の
要求を満たしてくれることを内心で願い、また一方的に自分の
欲求が期待するとおりに充足されていないと思うアンビバ
レントな感情が支配していることが考えられる。

　これまで論述してきたことを土居論に照らして考えてみよ
う。土居は〈愛されたい欲求〉を〈「甘え」の欲求〉に置き換え、そ
れが〈人間の原初的な欲求〉であるとする。つまり、愛されたい
欲求、あるいは愛されたい感情は人間としては誰もが有する欲
求であり、人間である以上、その欲求を避けることができない。
そして、誰もが自分の思うとおりに他者から満たされたい。し
かし、何時であってもどんな状況であってもそのような欲求が
充足されるはずはない。そのようなわけで、人間の原初の欲求
とされる「甘え」は時にはある種の屈折した形をとって表れる。
そのような甘えたくても甘えられないという屈折した状況に、
一方的に要求がましい欲求を有する自己愛的性格が加われば、
「自己愛的甘え」が生じてくるわけである。こう考えると、「甘
え」と「愛」とは切っても切れない関係があるように見える。い
や、土居論に基づくならば、場合によっては、「甘え」を「欲求」や
「愛」と理解しても差し支えはないのかもしれない。もしそう
であるとすれば、「甘え」を一層明らかにするには、それに「愛」

についての検討を加えることが妥当である。

　第一部第四章で触れたように、「甘え」のやりとりには、「甘える側」と「甘えさせる側」の双方向の関係を考慮することが必要である。「甘える側」しかない「甘え」というものが存在しないと同様に、「甘えさせる側」しかない「甘え」もまた存在しない。ただ、「甘え」のやりとりにおいて、一方が「甘えている」のが顕著であり、もう一方が「甘えさせている」のが顕著であるような区別は存在する。「甘える―甘えさせる」関係が百分率の足し算とすれば、「甘える側」が80％相手に甘えているとすれば、「甘えさせる側」は残った20％しか相手に甘えられない。あるいは、「甘えさせる側」が80％相手を甘えさせるとすれば、「甘える側」は残った20％しか相手を甘えさせられない。この場合、簡単に言うとすべてで100％しかない。一方が半分以上を占めれば、もう一方はその残りの半分足らずの量しかもらえない。そうでないと、「甘え」のやりとりのバランスが取れず、「甘え」のシステムが崩れる。勿論、「甘え」の双方は毎回のやりとりにおいては明確に比例分けできるものではない。双方が過剰な期待をしたり、心で思う以上に遠慮したりするケースは均等な百分率には反映されない。ただし、いろいろなケースが想定されるとはいえ、無数回のやりとりにおいては、双方が自然に受け入れる形でバランスが取られていなければならない。終始一方が甘えるだけならば、あるいは片方が甘えさせるだけならば、いつかそのアンバランスが頂点に達し、これに耐えられない側が屈折した感情を抱くようになる。つまり、一方的に甘えるだけでも、一方的に甘えさせるだけでもだめである。「甘える側」も時には相手を甘えさせたり、逆に「甘えさせる側」も時には相手に甘えるようになったりして、互いにバランスが取れることになる。結局、日常に見られるように、甘えたり甘えられたり、甘えさせたり甘えさせられたりするような「甘え」のやりとりを

楽しむことにより、直接的に又は間接的に相互の一体感の喜び
を体験できることが望ましいように思われる。

第三節　「情念の愛」と「甘え」

「甘え」と「愛」[1]に言及するに当たり、本章では、「甘え」と「情
念の愛」の論述から出発し、「甘え」と「愛」のかかわりを検討し
ていく。
　わが子であれ恋人であれ、あるいは犬猫であれ牛馬であれ、
さらには庭木であれ茶道具であれ、人は愛する対象を何よりも
大事にしようとする。このような「愛」は誰にも教えられず訓
練されなくても芽生えてくる自然的なものである。また、「愛」
は、特に賢者や教養人のみが持ち得る洗練された感情に限定さ
れず、程度の違いはあっても万人共通の普遍的な感情といえ
る。このように、わたしたちが何かを愛するのは、一般的には、
愛する対象が自分にとって価値が高いと感じているからであ
ろう。ただし、世の中には価値が高いと思われるものがいくら
でもあるが、人間は価値が高いと思われるものをすべて愛する
わけではない。だとすれば、これを愛したり愛さなかったりす

---

[1] 愛は人間理性の規定対象ではなく、逆に人間を根源的に定める領域に
あるので定義できないが、次のような諸特徴を示す。愛はまず明らか
に情緒・感情・意志・志向的性格を帯びている。したがって他者と
の関係性を示す。この他者は差し当たって人間であるが、そこから友
愛・兄弟愛・恋愛などが語られる。人間でも自己との関係において、
自己愛・ナルシシズムなどが生ずる。……こうした愛の多様な関係
性・志向性は、精神科学・人間科学・社会科学などの対象としてその
属性が記述されようが、愛はむしろ関係を創ったり破綻させたりする
意味で言語行為論的に働く。特に愛は他者との関係の中で働きつつ、
人間存在の存在論的に特別な在り方を開示する哲学的意義をもつ［広
松渉ほか『哲学・思想事典』（岩波書店、1998年）1頁］。

る理由として、単に価値が高いという要素とは異なる要素が必要ではないかと考えられる。この区別について、ルネ・デカルト（René Descartes、1596—1650）の語る「愛」を通して紹介してみよう。

> 「愛」は、精気の運動によって引き起こされた精神のある感動であり、精神を促してみずからに適合していると思われる対象に、自分の意思で結合しようとさせるものである。また、「憎み」は、精気によって引き起こされたある感動であり、有害なものとして精神に表れる対象から、離れていようと意志するように精神を促すものである。これらの感動が、「精気によって引き起こされる」というのは、情念（受動）であって身体に依存するところの愛と憎みを、次のものから区別するためである。すなわち、精神をして、善いと思う事物にみずからの意志によって結合させ、悪いと思う事物から離れようとさせるところの判断や、この判断のみによって精神のうちにひき起こされる感動（能動的知的な愛や憎み）から区別するためである。[①]

デカルトが言うように、「愛」と「憎しみ」という「情念」は、いずれも「精気によってひき起こされる」ある種の感動である。彼の見方によれば、「愛」と「憎しみ」は精気の運動を通して善い事柄に引き付けられ、悪い事柄から離れていこうとする判断や精神に引き起こされる感情であるという。そこにおいて、「愛」と「憎しみ」は全く逆方向に向かうものと考えられる。愛憎はそうした善悪を含む一定の対象と結びつき、その対象がわたし

---

① 野田又夫編集『世界の名著27：デカルト』（中央公論社、1978年）451頁。

たちの心に「好感」や「好意」を生む。そして、さらに「それを手元に置きたい」「それに近づきたい」「一緒にいたい」といった「結合の欲求」がひき起こされるとき、わたしたちは愛情という言葉でそのような心の動きを表現するのである。

　ここでは特に「情念としての愛」について検討するため、さらに「愛」の構造についてデカルトの考えを見ていこう。デカルトによれば、愛情には「好意」や「結合の欲求」などによっては言い尽くせないものがその基底をなしているように思われる。つまり、愛に基づく相手への関心には、そうさせずにはおかないような何か必然的ともいうべきものが「わが心の底に」動いているのが感じられる。デカルトもまた、「この必然的ともいうべき動きは何に起因するか」という疑問を投げかけている。デカルトの回答はこうである。「みずからの意志によって愛するものと結合しようとしたりする」[1]場合、「われわれは一つの全体を想像しており、自分はその全体の一部分にすぎず、愛せられるものがその全体のもう一つの部分であると考えている」[2]、とする。デカルトの言う「一つの全体」とは、すなわち「愛するもの」と「愛されるもの」が結合して一つになることによってはじめて生まれる「一体感」である。本章ではデカルトにおける「愛」をめぐる「情念」の考え方を受け、この「一体感」のゆえに自然に相手を近づけようとする、また相手を大事にせざるを得ない自然の欲求としての心の動きを「情念の愛」とする。

　つまり、「情念の愛」とは、自然的に発生する、自然の欲求であり、万人共通である普遍的な感情であり、それはまず対象に好感や好意を抱き、またそれに近づこうとする「一体感」を持とうとする心の動きといえる。デカルトの言う「情念」あるいは「情

---

① 『世界の名著27：デカルト』、452頁。
② 『世界の名著27：デカルト』、452頁。

念の愛」はあたかも今まで論述してきた土居の言う「甘え」の如きである。好感や好意の対象としての自然で原初的な存在は母親そのものといえる。そこへの結合や「一体感」を欲すると両者は捉えるのである。土居の言葉を振り返えば、「甘え」とは、「本来乳児が母親に密着することを求めること」①であり、「もっと一般的には人間存在に本来つきものの分離の事実を否定し、分離の痛みを止揚しようとすること」②であるとし、また、「自意識なしに自然的に行われること」③であるとする。

　このように、土居は乳児期の母子関係に見られる「甘え」をわれわれ人間の心理原型として想定する。それは、母子未分の状態にある乳児が、精神の発達に伴って徐々に母親を別の存在として知覚し、しかもその別の存在である母親が自分に欠くべからざるものであると感じ、それによって生じた母子分離の痛みを母親との再結合によって解消しようとするように、精神変容の先に人間存在の根源的普遍的で自然な感情に回帰（主客合一的回帰）していくことを意味している。こうした本源的な「一体感」を取り戻し、再結合しようする心の動きが土居の言う「甘え」である。そのような「甘え」は乳児の精神発達に伴って自然に発生し、成人までそして成人以後も続いている。しかも、「甘え」の直接的な起源は母子間において成立するが、その後は、自己を委ねる対象は母親や身近な人に限らず、動物や価値を見出すもの等にまで及んでいく。そして、そこを通し、本源的なもの（普遍）への回帰とやすらぎの獲得に向かうものと考えられる。

　以上のことから、「愛」に基づく「甘え」は、デカルトの言う「好

---

① 『「甘え」の構造』、105頁。
② 『「甘え」の構造』、106頁。
③ 『続「甘え」の構造』、106頁。

感」「好意」に向けられた「情念の愛」と同じように、「自然的」「普
遍的」な性質を有し、〈価値が高い〉対象に向かうものといえる。
したがって、「愛」に基づく「甘え」は、「好感」や「好意」から善へ
と向けられるデカルト的な「情念の愛」と理解してよいであろ
う（逆に、反感に根ざす悪へと向けられた情念は、「甘え」におい
ては、本来的な存在への一体化が欠損することから生じる抑圧
された「甘え」とみなされる）。

第六章　フィリア

　前章においては、まず、稲垣が示す「自己愛的甘え」に見られる「屈折的甘え」「配慮の要求」「許容への過度の期待」の三つの観点を軸に、フロイトとバリントの「自己愛」概念と土居による「甘え」「自己愛」概念との相違点と類似点（一方向―双方向）について考察した。

　次に、「甘え」と「愛」がいかに結びつくのかについて、デカルトの「情念」論を通して、そこに「情念」の「自然的」「好意的」「欲求的」で「一体感を求める」働きがあることを浮き彫りにした。

　本章では、古代における愛の一つの原型「フィリア（友愛）」について、アリストテレスの『ニコマコス倫理学』を参照しつつ、そこに見出せる愛と徳の関係を整理してみたい。その上で、「フィリア」と土居論的「甘え」との倫理的関係を考察していく予定である。

第一節　フィリアの愛とその種類

　アリストテレス（Ἀριστοτέλης、前384―前322）は、『ニコマコス倫理学』[①]の第八巻の第一章の冒頭において、「フィリア（友

---

①　アリストテレス（高田三郎訳）『ニコマコス倫理学』（岩波書店、2003年）。なお、アウグスト・イマヌエル・ベッカー（August Immanuel Bekker、1785―1871）版の引用番号も併記する。

愛)の愛は卓越性(アレテー:徳)と切り離せないものであり、何びとも、実際、たとえ他のあらゆる善きものを所有するひとであっても、親愛なひとびと(フィロイ)なくしては生きることを選ばない」[1]という。その意味で、フィリアはわれわれの生活に欠くべからざるものであると同時に、「フィリアというものは……さらに、うるわしい」[2]ものだと述べ、それ自体としてすばらしいものでもあると付け加える。

　ただし、アリストテレスによれば、一般に、このフィリアについて解説する際、さまざまな主張があるという。[3]

　例えば、「似たもの同士」[4]や「椋鳥は椋鳥づれ」[5]という表現があるように、ある人々は、フィリアとは「似たものが似たものを求める」という類似する人々のあいだの愛であるという。他の人々は、フィリアというのは、実際には「商売がたき同士の陶工のようなもの」[6]であり、単に利害関係で結びついているだけであるという。さらには、「土が乾いて雨を恋う」[7]ようなものだとか、「対立するものが相手に役立つ」[8]状況のこととか、美しいハーモニーを奏でるようなものとか、いうようにフィリアを説明しようとする人もいる。

　ところが、アリストテレスはそうした見方には執着しない。その代わりに、愛の生じる条件やその種類について考察する。例えば、フィリアの愛はすべての人々のうちに生まれるのか、悪しき人たちには生まれないのか、またフィリアの愛は一つの

---

① 『ニコマコス倫理学』、65頁。1155a—1155a10。
② 『ニコマコス倫理学』、67頁。1155a20—1155a30。
③ 『ニコマコス倫理学』、67頁参照。1155a30—1155b。
④ 『ニコマコス倫理学』、67頁。1155a30—1155b。
⑤ 『ニコマコス倫理学』、67頁。1155a30—1155b。
⑥ 『ニコマコス倫理学』、67頁。1155a30—1155b。
⑦ 『ニコマコス倫理学』、67頁。1155b—1155b10。
⑧ 『ニコマコス倫理学』、67頁。1155b—1155b10。

種類しかないのか、それとも複数の種類があるのか、といった問題である。これらの問題については、「愛されるべきもの」①と「親愛に値するもの」が何であるのかが分かれば、答えが明瞭になるとされる。というのは、すべてのものが愛されるのではなく、「愛されるべきもの」だけが愛されるからである。

　まず、アリストテレスの考えるフィリアの種類について見ていこう。アリストテレスによれば、「愛されるべきもの」には三つの種類がある。その三つとは、「有用なもの」「快適なもの」「善きもの」②である。「有用なもの」は、それによってなんらかの善または快楽が生ずるところのものとして考えられる。それ故に「愛されるべきもの」としての「有用なもの」は、同時に「善きもの」と「快適なもの」でなければならない。一方、「愛されるべきもの」としての「善きもの」には、それ自身が善きものであるか、それともただそれを愛する人たち自身にとっての善きものであるか、の二通りがある。それ自身「善きもの」とそれを愛する人たち自身にとって「善きもの」は一致しない。つまり、後者の場合における「愛されるべきもの」としての「善きもの」とはそもそも、「善きものと各人に見えるもの」を意味しているからである。つまり、ここで「愛されるべきもの」とは、「愛されるべきものと各人に見えるもの」ということになるからである。要するに、「愛されるべきもの」とは、アリストテレスによれば、「有用なもの」「快適なもの」「善きもの」の三種類に分類できるが、そのどれにも、それを愛する人たち自身にとっての「有用なもの」「快適なもの」「善きもの」があるが、それらと「愛されるべきもの」としてのそれ自身「善きもの」とは区別されるというの

---

① 高田三郎訳においての「愛さるべきもの」を、本書においては以後「愛されるべきもの」とする。
②『ニコマコス倫理学』、68頁。1155b10—1155b20。

である。①

　さらに、アリストテレスは、フィリアにおける「愛されるべきもの」には無生物は入らないという。彼は、「無生物を愛しても、これはフィリアとは呼ばれない」②という。彼はその理由として、ここに「交互的な愛情が存在」③していないことを挙げる。というのは、無生物のために善を願うことはありえないし、またその善を願うとしても、無生物である相手がそのことに気がつかないならば、単に「好意を寄せている」④にすぎず、結局相互応酬的な好意がなされていないからである。つまり、フィリアの愛が存在し得るためには、先に挙げたいずれか一つの動機のゆえに、お互いに好意を抱いており、お互いに相手にとってのもろもろの善を願っているということ、そして、このことがそれぞれ相手に知られているということが必要である⑤、とアリストテレスは言うのである。要するに、フィリアの愛が生じ得るには、「愛されるべき」理由すなわち愛する動機に加え、相互応酬的な好意がなされる、すなわち互いに愛し合う人間も存在しなければならないと考えられたのである。

　では、ここまで見てきた愛の対象と相互応酬的な好意の内実をアリストテレスの言葉で見ていこう。アリストテレスが言う人の愛する対象は有用と快楽と善とであり、この区別にしたがってフィリアの愛もその動機の上から次の三種に分かれる。すなわち「有用ゆえの愛」「快楽ゆえの愛」「善ゆえの愛」である。では、具体的な関わりはどうであろうか。

　有用のゆえに互いに愛し合っている人たちは、相手の人間そ

① 『ニコマコス倫理学』、68―69頁参照。1155b20―1155b30。
② 『ニコマコス倫理学』、69頁。1155b20―1155b30。
③ 『ニコマコス倫理学』、69頁。1155b30―1156a。
④ 『ニコマコス倫理学』、69頁。1156a―1156a10。
⑤ 『ニコマコス倫理学』、69頁参照。1156a―1156a10。

のものを愛しているのではなく、相手が身につけているもの、相手が与えてくれるものを愛している。快楽のゆえに愛する人たちも同様である。言い換えれば、有用のゆえに愛している人々は自分にとっての有用を愛しているのであり、快楽のゆえに愛している人々は自分にとっての快を愛しているのである。それゆえ、そこには互いの快を求めて争いが生じる。自分側が相手側より「より多く」を得るべきであると思い込み、双方が衝突するがゆえに苦情や紛争が起こるわけである。このような紛争はまた、「一方的優越性の上に立つ愛」において生じ得るとアリストテレスはいう。[1]

すなわち、有用や快楽を指標とする愛は、どちらも愛する相手の「ひととなり」（エートス）のゆえにではなく、却って相手が有用であり、快適であるかぎりにおいて愛しているのである。[2]それゆえ、付帯的なものに即しているこの種の愛はどちらも、お互いの年齢が変わり、生活環境が変わり、好みや利害が変化してくると容易に解消する。

だが、先に区分したように、「愛されるべきもの」としてのそれ自身「善きもの」に向けられた愛は永遠性を持つ。そのような愛は相互に相手の善に向けられる。こうした愛は善き人々、つまり卓越性において類似した人々のあいだにおける愛で、その善き人々が善き人々であるかぎり永続する。[3]それゆえ、善き人々のあいだにおける愛こそは、最も十全で、かつ最も善きものなのであるとアリストテレスは説いている。[4]

---

[1] 『ニコマコス倫理学』、84頁参照。1158b10—1158b20。
[2] 『ニコマコス倫理学』、71頁参照。1156a10—1156a20。
[3] 『ニコマコス倫理学』、73頁参照。1156b10—1156b20。
[4] 『ニコマコス倫理学』、73頁参照。1156b20—1156b30。

第二節　フィリアの愛の表徴

一、愛の生じる条件

　ここでは、第一節で課題としたもう一つの問い（愛の生じる条件）について考えてみよう。すなわち、フィリアの愛はすべての人々のうちに生まれるのか、それとも悪しき人たちには生まれないのか、という問題に対するアリストテレスの回答を見てみたい。

　アリストテレスは、「快楽のためとか有用のためとかならば、あしきひとびと同士であっても、あるいはよきひとびと対あしきひとびとであっても、あるいはそのいずれでもないひと対任意のふうのひとであっても友たりうるのであるが、お互いの人間自身のゆえに友でありうるのは、明らかに、善きひとびとのみにかぎられる」①と答えている。

　このことから、フィリアの愛はすべての人々のうちに生じ得るが、その中で、善き人々のあいだに生まれるそれがもっとも充分な意味における愛であると考えられていることが分かる。その愛における「愛されるべきもの」は、端的に無条件的な意味における善であり、各人がそうした愛に照準を合わせる。それゆえ、アリストテレスの言うフィリアは、双方が無条件でそれ自身が目的となる善に貫かれた愛の状態をさす。この「善」こそがフィリア成立の条件となる。アリストテレスは、こうしたフィリア成立に関する「善の前提性」と、「快や有用性に基づく愛の欠陥」について次のようにも語っている。

---

① 『ニコマコス倫理学』、76頁。1157a10—1157a20。

　　善ゆえの愛における人間たちは、すなわち人間的な卓越性のゆえに相手を愛する人々は、お互いの幸福を願うことやはかることに熱心であり、さらに、競い合ってこのことを相手のために実現させようとしている。このような人々のあいだにおいては苦情は生じ得ず、争いも生じ得ない。というのは、自分を愛してくれ、自分によくしてくれるのに対し、誰もが文句がいえないのであるからである。実際、善ゆえの愛における各人の欲するところは善にほかならず、たとえ愛することにおいて相手を超えたとしても、自身の望むところを達しているので、相手に対して苦情を言うはずがない。同じく、快楽ゆえの愛における人々のあいだにおいても苦情などがあまり生じない。というのは、一緒に時を過ごすということをお互いが悦ぶのだとすれば、お互いの欲するところは双方同時に達せられるからである。ところが、有用ゆえの愛は、それらに反し、苦情が多い。お互いを実利のために利用する友人たちは絶えず過多を要求するものであり、自分は相当するところよりも少なくしか得ていないと思い込んだり、そして、自分は値するところがあって要求しているのであるのに、それだけのものに預からないと言い、お互いを難詰することになったりするのである。[1]

二、愛の「均等性」

このようにアリストテレスにおけるフィリアでは、いかなる功利性もない、目的そのものとしての善が、善き人々のあいだ

---

[1] 『ニコマコス倫理学』、100—102頁参照。1162a30—1162b20。

で均しく愛という形で交流することを意味する。

　ただ、アリストテレスは愛の「均等性」については、善き人々のあいだの愛以外の各種の愛においても、そのすべてが「均等性というものの上に成立する」①という。というのは、善き人々の愛であっても、悪しき人々の愛であっても、またその他の種の人々の愛であっても、いずれも「双方から同じものが得られるし、お互いに同じものを相手かたが得ることを願う」②か、「お互いに異なるところのものを交換する」③からである。

　しかし、同時に、アリストテレスは、そうした善悪の内に成り立つ均等な愛とは別に、一方的な優越の上に成り立つフィリアの愛も存在するという。④例えば、親の子に対する愛がそれに当たる。親は子を自分の一部として可愛がり、子は自分がそこから生まれたという意味で親を愛する。親の子に対する愛と子の親に対する愛とは同じではない。双方は相手から同じものを得るわけでもないし、また同じものを求めるわけでもない。ただし、このような一方の優越の上に成立する親子の愛においても、やはり各自の価値に応じて比例した愛情が要求される⑤とアリストテレスは説く。

　しかしながら、「愛」の場合における均等と「正（調和・正義）」の場合における均等は同じではない。⑥「正」は個別の人と人のあいだに成り立つ「均等」ではなく、ポリス全体の調和をめざす配分的・矯正的な「均等」を意味する。

　また、個人とポリスという「個と全体」のあいだに、個を包括

---

① 『ニコマコス倫理学』、83頁。1158b—1158b10。
② 『ニコマコス倫理学』、83頁。1158b—1158b10。
③ 『ニコマコス倫理学』、83頁。1158b—1158b10。
④ 『ニコマコス倫理学』、84頁参照。1158b10—1158b20。
⑤ 『ニコマコス倫理学』、85頁参照。1158b20—1158b30。
⑥ 『ニコマコス倫理学』、85頁参照。1158b30—1159a。

する共同体という枠組みが存在する。この共同体における愛についてアリストテレスは次のように述べている。

アリストテレスによれば、いかなる共同体においても一定の「愛」が存するとされる。[1]例えば、船の乗組員同士や軍隊仲間ではお互いに向かって「フィロイ（親愛な友よ）」と呼びかける。[2]またその他各種のこうした共同体に属する人々も同様である。その際に、「愛」は共同の範囲にまで及ぶ。ただ、兄弟や親友仲間においてはほとんどあらゆるものが共同であるのに対し、その他の場合には共同は特定のものに限られている。こうした「特定のもの」が比較的多い場合もあれば少ない場合もある。というのは、もろもろの愛のうちには比較的密なるものも疎なるものもあるからである。こうすると、関係の親密さに応じ、共同の範囲も異なる。要するに、各種の共同体は、それぞれに相応の愛が存するのである。

すなわち、以上のことを考えるならば、フィリアとしての愛は、基本的に対等な人と人とのあいだに成立する「均等性」によって成り立つが、個人が属する集団においても、その親密さに比例して愛は共同の内に機能し得るといえる。

三、「愛する側」と「愛される側」の関係

では、このフィリアにおいて、「愛する側」と「愛される側」の関係はいかに語られるのであろうか。世上一般の人々は、相手を愛する以上に相手に愛されることを願っている。[3]というのは、愛されることは尊敬されることに類似し、尊敬されること

---

[1] 『ニコマコス倫理学』、90頁参照。1159b20—1159b30。
[2] 『ニコマコス倫理学』、90頁参照。1159b20—1160a。
[3] 『ニコマコス倫理学』、86頁参照。1159a10—1159a20。

は、世の人々の希求するところのものだからである。①しかし、尊敬されることは、それ自身の故ではなく、付帯的な仕方で好まれているように思われる。②それに対し、愛されることを喜ぶのは、愛されることそれ自身の故でなくてはならない。③したがって、尊敬されることよりも愛されることのほうがより倫理上、高く位置づけられる。フィリアが即自的に好ましきものとされる所以もそこに存する。④

しかしながら、愛は、愛されることよりも、むしろ愛することにより高い道徳性の形があるという。これを論証するために、アリストテレスは各種の愛を証左としている。例えば、母親の子に対する無償の愛⑤のケースを挙げている。母親は、どんな事情があっても、子どもを愛する。しかし、母親はそれに対する子どもからの報いを決して求めない。ただ子どもが幸せに過ごすのをみればそれだけでもって母親にとっては充分である⑥と感じている。こうした利他的で無償な愛にこそ道徳性が発揮されると見るのである。

四、フィリアの愛の解消

では、親愛な人々のあいだに成り立っていたフィリアの関係において、相手が以前と同じではなくなった場合、いかなる事態が生じるのであろうか。そこにアリストテレスも指摘するフィリアの愛の解消の可否という問題がある。アリストテレスの記述を紹介したい。

---

① 『ニコマコス倫理学』、86 頁参照。1159a10—1159a20。
② 『ニコマコス倫理学』、86—87 頁参照。1159a10—1159a20。
③ 『ニコマコス倫理学』、87 頁参照。1159a20—1159a30。
④ 『ニコマコス倫理学』、87 頁参照。1159a20—1159a30。
⑤ 『ニコマコス倫理学』、87 頁参照。1159a20—1159a30。
⑥ 『ニコマコス倫理学』、87 頁参照。1159a30—1159b。

　アリストテレスは、まず、「有用」や「快楽」のゆえに友人であるケースについて述べている。これらを仲立ちに愛でつながっている場合、その性質ゆえに、その愛を解消するに至ったとしても、不思議はない、とされる。①というのは、彼らが持つ利己性ゆえに、相手への愛は手段化し、道徳的な対等性を発揮し得ない。それゆえ、つながっていた「有用性」や「快楽」が消失すると、愛もまた失うことになるのは当然である。

　次に、相手が悪しき人の場合はどうであろうか。前述の善人とは逆に、悪しきものは、愛されるべきものでもなければ愛していいものでもない。②善き人は悪しきものを好きであったり似てきたり③する方向には向かわない。

　さらに、相手を善き人であるがゆえに友として受け入れたケースはどうであろうか。ただ、その場合にも、相手が悪しき人間に変わった場合、あるいはそう考えられるに至った場合において、人はなおかつその相手を愛するべきであろうか、という問題が起こってくる。アリストテレスは、そのような状況での愛の成立は不可能なことであると考えている。④愛においては、あらゆるものが「愛されるべきもの」ではなく、善きものが愛されるべきなのである。⑤つまり、愛が成立するためには、（愛が成立する条件で見たように）善きものがその対象であることが条件となる。

　では、対象が悪しき人の場合や、善き人が悪くなった場合には、愛が成立する可能性は全くないのであろうか。これについてアリストテレスは次のように語っている。相手が悪しき人

① 『ニコマコス倫理学』、116―117頁参照。1165b―1165b10。
② 『ニコマコス倫理学』、117頁参照。1165b10―1165b20。
③ 『ニコマコス倫理学』、117頁参照。1165b10―1165b20。
④ 『ニコマコス倫理学』、118頁参照。1165b20―1165b30。
⑤ 『ニコマコス倫理学』、117頁参照。1165b10―1165b20。

間になった場合においては、相手を愛すべきではないように思われるが、ただし否応なしに愛の関係を解消すべきものではない①、とする。つまり、矯正の望みのある場合には、なんらかの助力でそれを矯正する必要があるという。②だが、アリストテレスは、相手の悪徳が癒され得なくなった場合には、解消すべきであるとも述べている。③

　では、善き愛がともに成立している場合に、その一方はそのままの人間であるのに対し、他の一方はより善き人間となり、人間的な卓越性において前者をはるかに上回るならば、やはり後者は前者を友として遇すべきであろうか、それともそれは不可能なのであろうか。両者のあいだの隔たりがよい意味で大きくなった場合の愛については、アリストテレスは次のように考えた。つまり、友であり得ることの限界を越えた、神の如くかけ離れた存在のあいだには、最早フィリアの愛というものは成立し得ない④、とする。というのは、もともとフィリアの愛が成り立つ両者は、最早同じことがらにおいて満足し、喜びを感じ、苦痛を感じることがなければ、もうそれ以上友であることができない⑤からである。したがって、このような愛を解消すべきかどうかを考える必要がなく、均等性に欠けるがゆえに自然に解消するようになる。

五、フィリアの愛の表徴

　前項で確認したさまざまなケースにおける愛の解消の在り方を通し、フィリアの愛の表徴が一層明らかになる。アリスト

---

① 『ニコマコス倫理学』、117頁参照。1165b10—1165b20。
② 『ニコマコス倫理学』、118頁参照。1165b10—1165b20。
③ 『ニコマコス倫理学』、117—118頁参照。1165b10—1165b20。
④ 『ニコマコス倫理学』、118頁参照。1165b20—1165b30。
⑤ 『ニコマコス倫理学』、118頁参照。1165b20—1165b30。

テレスによれば、「親愛な人」や「友なる人」は、もろもろの善あるいは善と見られるものを、相手のために願いかつ行う人であり、相手の存在と生を、相手のために願う人であるとされる。①また、それは、一緒に時を過ごして相手と意図を同じくする人、あるいは、相手と悩みや喜びを共にする人であるとされる。②したがって、「愛」も、これらの諸点によって規定されるとアリストテレスはいう。つまり、相手のために「何か善いものを願う」のは、結局アリストテレスがいう相手への「好意」というものである。そして、相手と「一緒に時を過ごす」や「意図を同じくする」、「悩みや喜びを共にする」などいった表現に含まれる「一緒に」「同じく」「共に」のような連用修飾語が表す意味は、簡単に言うと、アリストテレスの主張する「交互」や「協和」というものであろう。

　後者の「協和」についてアリストテレスの解説を確認しておこう。彼によれば、「協和」とは、フィリアの愛の類であるが、ただし、単なる「見解の一致」を示すものではないとされる。③というのは、お互いに知らない人々のあいだにおいても「見解の一致」は見出され得る④からである。ここで言われる「協和」とはともに同じく善きことを請い願うどうしにおいて成立する概念であり、アリストテレスは次のように解説している。「いかなることであれ、同じことを双方が考えさえすればそれが協和なのではなく、同じことを同一者について考えるのであってはじめて協和なのである」⑤、とする。

　これらの主張を一言でまとめるとすれば、アリストテレスの

---

① 『ニコマコス倫理学』、119頁参照。1166a―1166a10。
② 『ニコマコス倫理学』、119頁参照。1166a―1166a10。
③ 『ニコマコス倫理学』、125頁参照。1167a20―1167a30。
④ 『ニコマコス倫理学』、125頁参照。1167a20―1167a30。
⑤ 『ニコマコス倫理学』、126頁参照。1167a30―1167b。

言うフィリアの愛とは、〈友愛〉であり、友人・恋人・親子・夫婦・兄弟・主従らのあいだを相互に結びつける〈相互愛〉といえる。この愛の核心をなしているのは〈好意〉、すなわち相手の身に善を願い、相手の存在そのものを相手自身のために願う心である。しかも、善を願う好意は一方的ではなく、双方向で成り立たなければならない。その意味で、このフィリアの愛に欠かせない条件は〈善に基づく相互的な好意〉といえる。加えて、当然、このような愛は、すでに述べたように、物言わぬ動植物に対する単なる情愛とも区別される。好意をお互いに高い自我の営みを通じて意識しあうところにはじめて友愛関係は成立する。

　ここまで整理してきたアリストテレスによるフィリアの愛の表徴について、最後に概括してみたい。愛を考える際、「愛されるべきもの」に挙げられる三種を(「有用なもの」「快適なもの」「善きもの」)横糸とするならば、愛のヒエラルキーは「善きもの」を軸に、日常の次元から神的な次元まで縦に貫く。その縦糸において、フィリアの愛は、神的な次元など主体と異なる善のレベルでは成立しがたい。フィリアとしての愛が実現されるのは、ある意味、現実生活において(神的な普遍存在とのあいだにはフィリアは成立しない)、双方に、「善」や「卓越性」を前提条件とする「好意性」「均等性」「交互性」「協和性」が存在する場合といえる。

第三節　フィリアの愛と「甘え」

　前節において論じてきたフィリアの愛の表徴は、ある意味、「甘え」のそれと合致しているように思われる。「甘え」の言語的心理的起源から明らかになったように、「甘え」はもともと神聖であるもの、甘美なるものへの感嘆賛美から来ている言葉であ

り、後ほどになって人間の甘味への追求や人間の麗しいものへの憧憬や善美なるものへの希求や価値の高いものへの欲求などの意味に転じて用いられた。その意味では、「甘え」はそもそも言語的起源の内にある種の存在の崇高さ・根源性との関与を有しているものであり、「甘え」自身はアリストテレスの言うフィリアの愛が持つ「麗しさ」すなわち「卓越性」を有している。

　また、フィリアの愛が存在するためには愛を交わす双方の人間が好意的関係を保持する必要があるのと同様に、「甘え」のやりとりにおいても「甘える側」と「甘えさせる側」の双方の好意性が求められるといえる。この点も親和的であるといえる。

　加えて、「甘え」の理想と現実もフィリアのそれと類似する。「甘え」において理想と現実は常に一致するわけではなく、現実において「甘え」は思うとおりにならず、ある種の歪んだ形をとって現れる。これはフィリアの愛の二タイプ―「有用ゆえの愛」「快楽ゆえの愛」から生じる他者とのずれや争いに該当するように思われる。歪んだ形式の「甘え」は、充分に愛されたい、あるいは思いどおりに愛されたい、という一方の望みや期待が相手を通して満たされないがゆえに起きる。そこには卓越性とかかわるフィリアの愛に不可欠な「善」を前提条件とする「好意性」「均等性」「交互性」「協和性」の要素が欠如している。「甘え」もフィリアもこれらの要素があってはじめて充足したものになるといえる。

　ここで示した「協和性」について、「甘え」との親和性を概念の視点から付言してみたい。フィリア論において、同じことを双方が同じく善きことと和するものと「協和」は規定されていた。土居の「甘え」概念にも「協和」と重なる見方があり、それは「和合」と称される。第一部第二章の「甘え」の言語的起源で考察したように、「甘え」の語義の一つに〈甘美なものを口にする口当たりの和合〉という意味があり、それは後に〈人間関係の和合〉

という意味に転じて用いられる。

　以上に述べたように、現実においては一切の愛にも欲望が入っている。というのは、相手に善美なるものを求めることも、相手に善美なるものを与えることも、お互いに相手が善美なるものを獲得することを願うことも、いずれもある種の求めであり、望みである。それらの望みが愛したり愛されたりすることによって実現できれば、愛は常に健康的な形を有するのであるのに対し、充分に満足されなければ、そのうちに苦情や紛争や難詰などのトラブルが起きるのである。したがって、片方的な愛は、その愛の片側が全く満たされないがゆえに、人間社会においては非現実的で且つ合理性に欠けているのである。それに対し、フィリアの愛は何らかの方式によって双方の希求が満たされ得るがゆえに、人間社会においてはもっと現実的で且つ合理的であるように思われる。愛においてのこのような交互的且つ均等的なかかわりは、「甘え」のやりとりの世界においても同じく発生している。

第七章　人間関係と孤独感

　前章において、主としてアリストテレスの『ニコマコス倫理学』における「フィリア」を引き合いに出しながら、「甘え」の倫理的構造についての考察を進めてきた。

　アリストテレスによれば、すべてのものが愛されるのではなく、「愛されるべきもの」だけが愛されるとする。その「愛されるべきもの」には「有用なもの」「快適なもの」「善きもの」との三種類がある。したがって、その「愛されるべきもの」に対応し、「フィリア」の愛には「有用ゆえの愛」「快楽ゆえの愛」「善ゆえの愛」の三種類があるとする。これらのフィリアの愛が成り立つには、「愛されるべき」という「卓越性」に、「好意的」「交互的」「均等的」「協和的」といった表徴を加えることが必須であるとされる。

　このように、前章においては、まず「フィリア」の愛とその種類及びその表徴を認識した。

　その次に、「卓越性」に「好意的」「交互的」「均等的」「協和的」といった「フィリア」の愛の表徴から、「甘え」とのかかわりを検討した。

　「甘え」は甘美なるものへの感嘆賛美から来ている言葉であり、後ほどになって人間の甘味への追求や人間の麗しいものへの憧憬や善美なるものへの希求や価値の高いものへの欲求などの意味に転じて用いられた。その意味では、「甘え」はそもそもある種の理想的な姿を有しているものであり、「甘え」自身は

アリストテレスの言う「フィリア」の愛が有する「麗しさ」すなわち「卓越性」を持っている。そして、フィリアの愛が存在するためには愛の両端に位置する双方の人間が要るのと同様に、「甘え」のやりとりにおいても「甘える側」と「甘えさせる側」の双方が必要とされるのである。すなわち、「交互的」という表徴においては両者が重なっている。それに加えて、また「フィリア」の愛と同様に、「甘え」のやりとりにおいても双方の「均等性」が必須とされる。さらに、「甘え」はそもそも〈甘美なものを口にする口当たりの和合〉という意味で、後に〈人間関係の和合〉という意味に転じて用いられた。すなわち、「フィリア」の愛に含意された「協和」は、「甘え」に含意された「和合」と全く一致するのである。

　要するに、お互いに好意を持ちあい、自ら進んで相手のために善を願い、相応報酬的に相手の望みを満たすことにおいて、二者は合致しているのである。

　以上見てきたフィリアの愛の考察を終えるに当たり、フィリアが最も現実的で持続的な「甘え」にふさわしいと、理論上結論づけることができる。

　とはいえ、現実社会において、人間たちは常に「フィリア」的に甘えられるわけではなく、時には苦情や紛争や難詰などのトラブルが起きてしまう。したがって、本章においては、「甘え」が満足されていないことにより起こった現実のトラブルの一つとして、「孤独感」を取り上げ、人間関係の視点から、「甘え」の倫理的意義を解剖していく。

第一節　孤独感とは何か

　社会学者である加藤秀俊は、「人間関係、それは、難しいものである。それはたいていの人にとって悩みのタネである。ど

うにかしたいのだが、どうにも手におえないものである。要するに、人間関係というのは「問題」なのである」①と指摘する。彼によれば、人間関係の「問題」の性質と内容は人によって千差万別であるが、現代社会のほとんどすべての人間は、自分と他の人間との関係をどう調整してゆくかに神経をすりへらしているとされる。②家庭では親子のつき合い方、近隣社会では向こう三軒両隣の住人との関係、職場では上司や部下や同僚の関係が問題になるし、また恋人関係や嫁姑関係においても古今東西を通じた普遍的な問題がある。③つまり、社会のいたるところで、いろいろな種類の「人間関係」が成立し、そのそれぞれの関係が常に問題を孕んでいるとされる。例えば、「こっちが善意でしたことが、相手方にはそのまま通じないことがしばしばある。通じないどころか、悪意に受け取られてしまったりもする」④ように、人間関係における誤解が往々発生している。それは、「フィリア」の愛が必要とする、お互いが「善意」とみなす表徴を欠くことに起因する。一言で言うと、このように人間関係は難しいということができる。

　しかしながら、不思議なことに、人間関係を難しいと思いながらも、昔から現在まで、人間関係を簡単に捨て、一人で生活しようとする人間はほとんどいない。「うまくゆかない」「難しい」「煩わしい」などと嘆きながらも、やはり何とかうまくできるように努めるのは、一体何のためであろうか。もしかすると人間は他の人とかかわっていなければ生きてゆけないのであろうか。

---

① 加藤秀俊『人間関係―理解と誤解―』(中央公論社、1966年)2頁。
②『人間関係―理解と誤解―』、2頁参照。
③『人間関係―理解と誤解―』、4頁参照。
④『人間関係―理解と誤解―』、4頁。

　これに関連して加藤は、詩人の寺山修司(てらやま　しゅうじ、1935―1983)を援用し、自分宛てに手紙を毎日書き続けている老人の例[①]を挙げる。この例は、一見ばかばかしいが、実はまじわりを求めるごく自然な心が閉ざされ、どのようにして、他人と知り合いになったらいいのか、それが分からないでいる人間の姿を伝えている。「自分宛のはがきを書いているのは、上の話に出ている老人だけでない。誰しもが心のなかで、自分宛の手紙を書き続けている」[②]という。

　また、加藤はある大学で行われた孤独実験の例[③]を挙げる。それは、被験者が、完全に防音装置をほどこされ、外界から遮断されたカプセルのなかに入り、三日三晩のあいだ、一人で暮らすというものである。被験者は、食べ物をきちんと供給されるし、眠ることも自由である。スライドに投射された文字による外界からの通信も必要な場合には与えられる。しかし、たいていの人は、この孤独実験に堪えられず、三日目には、幻覚や幻聴を起こし、発狂寸前の状態を示したという。

　さらに、加藤は知り合いを作るために、週刊誌の投書欄に投稿して友達さがしをする人や「誰か私に話しかけてください」という札を胸にかけてベンチに座り続けていた人もいたこと

----

① 『人間関係―理解と誤解―』、31―32頁。それは次のような内容である。ある日、近所の女の子が言った。「うちのおじいちゃんたら、毎日はがきを書くのよ。それで、そのはがきを毎日駅の向こうの郵便局まで出しにゆくの。」「へえ」と私は女の子の祖父の顔を思い出しながら言った。「そんなに毎日、誰に出すんだね?」女の子はあっさり教えてくれた。「自分によ。」「自分に?」「そうなの。自分で自分にはがきを出し、それが配達されると、また返事を書くの。それを毎日毎日繰り返すことで、さびしいのと暇なのとをまぎらしているのよ。」
② 『人間関係―理解と誤解―』、32頁。
③ 『人間関係―理解と誤解―』、32頁参照。

を指摘する。[①]

　上述のように、誰かに話かけたい、話しかけられたい、というような、まじわりを求める心を誰もが持っている。つまり、人とはまったくかかわらない生活や、カプセルのなかの孤独な生活は、現実社会においてはまずはありえないのである。しかし、それらに近い状態もしくは似たような状態に陥っている人間は、現代社会においても、しばしば見受けられる。または、人ごみの中にいても、やはり自分は一人ぼっちであると感じている人間も多いのである。特に大都市の場合、同じマンションやアパートに住んでいる隣人同士であっても、お互いに一度も声をかけ合わないのは珍しくない。そのくせ人々は、WeChatや微ブログなどさまざまなネット上の社交手段を通じ、誰かと繋がろうとする。やはり孤独感に包まれ、孤独でたまらないのである。

　ハリー・スタック・サリヴァン（Harry Stack Sullivan、1892—1949）は、孤独感は「人間への親密さ、対人関係への親密さの要求が十分に満たされないことにかかわる過度の不快感を伴った激動体験である」[②]という。ロバート・ステュアート・ワイス（Robert Stuart Weiss）は、「孤独感は一人っきりであるために引き起こされるのではなく、一定の必要とされる社会的関係のないことによって引き起こされる……孤独感は、ある特定の型の社会的関係の欠如への反応であると思われる。より正確に言うならば、特定の社会的関係の準備の欠如に対する反応である」[③]という。またスザンヌ・ゴードン（Suzanne Gordon）は、「孤

---

① 『人間関係―理解と誤解―』、31頁参照。

② Sullivan, H. S. *The Interpersonal Theory of Psychiatry*. New York: Norton, 1953, p.290.

③ Weiss, R. S., Bowlby, J. *Loneliness: The Experience of Emotional and Social Isolation*. Mass: MIT Press, 1973, p.17.

独感は、親しい人がいないといったある種の人間的接触の欠乏から生じた剥奪の感情である。この空虚なところに人は何らかの期待を持とうとするので、ある期待された人間関係が欠如すると剥奪の感情を引き起こすが、孤独感はこの剥奪の感情によって特徴づけることもできる」[1]という。さらに、ジェニー・デヨン・フィアヴェルト（Jenny de Jong Gierveld）は、「孤独感は、個人の実際の対人関係と望んでいる対人関係のずれを不快、ないしは不満と感じる経験である。特に適当な期限内に望む対人関係を実現できないと感じたとき孤独感を感じる」[2]という。

　このように、心理学者は孤独感に関してさまざまな定義を提出している。それらは、それぞれ異なっているように見えるが、ただし、以下の三つの点で一致しているとレシシア・アン・ペプロー（Letitia Anne Peplau）とダニエル・パールマン（Daniel Perlman）は指摘している。「第一は、孤独感は個人の社会的関係の欠如に起因するという点である。第二は、孤独感は主観的な体験である。客観的な社会的孤立とは同じ意味ではない。人は一人でいても孤独感を味わうとは限らないし、また群衆のなかにいても孤独感を味わうこともある。第三は、孤独感の体験は不快であり、苦痛を伴う点である」[3]、とする。要するに、孤独感は、一人でいるか、群衆のなかにいるかにかかわらず、個人が社会的関係を欠くことに起因する、苦痛を伴うある種の不快感である、とまとめられる。だが、この定義は十

---

[1] Gordon, S. *Lonely in America*. New York: Simon & Schuster, 1976, p.26.

[2] Jong-Gierveld, J. D. "The Construct of Loneliness: Components and Measurement". *Essence: Issues in the Study of Ageing, Dying and Death*, 1978, 2(4), p.221.

[3] L. A. ペプロー、D. パールマン編（加藤義明監訳）『孤独の心理学』（誠信書房、1988年）4頁。

分ではない。ペプローとパールマンは、孤独感の原因を個人における社会的関係の欠如に帰しているが、対人関係への不満、もしくは人間関係の心理的な親密さの欠如などに帰すほうが適切であると思われる。つまり、孤独感というのは、対人関係において、双方の関係性が自分の思うようにならないとか、自分の期待するようにならないとかいったように、望みと実際とのずれにより、心的欲求が満たされないことから生じる不快や不満である。あるいは、自分が人に理解されずに空虚な気持ちになり、あたかも満足感が剥奪されたように感じることである。結局、孤独感も、理想と現実の衝突によって起きるある種の歪んだ形の心的動きである。

　こうした心の歪みは、普遍的な親密さへの要求の裏返しでもある。フリーダ・フロム・ライヒマン（Frieda Fromm Reichmann、1889—1957）によれば、それは「すべての人間が幼児期より生涯を通じて持ち続ける」[1]ものであるとされる。この指摘は「甘えは本来乳児が母親に密着することを求めることである」[2]とする土居の考えにも相通じる。とすれば、孤独感はある種の「屈折した甘え」でもあるといえそうである。このような孤独感と「甘え」との連関については、後節で論じていきたい。その前に、対人関係において、なぜ満足できる人間関係の構築が難しいのかを検討する。

第二節　人間関係の難しさ

　人間関係の難しさといえば、二千年以上も昔に、ギリシアの

---

[1] Fromm Reichmann, F. "Loneliness". *Psychiatry: Journal for the Study of Interpersonal Processes*, 1959(22), p.3.
[2] 『「甘え」の構造』、106頁。

哲学者、アリストテレスの愛弟子テオプラストス（Θεόφραστος、前371―前287）の書いた『人さまざま』[1]が想起される。テオプラストスは、古代ギリシア社会の人間関係をシニカルにながめ、その愚かしさを風刺文学ふうに書き残した。前節で取り上げた加藤は二千年以上も昔の人間観察がそのまま現代の人間関係のカリカチュアとしても百パーセント通用するというのは、考えようによっては重大なことであるという。[2]というのは、人間の持つさまざまの問題領域を歴史的に振り返ってみると、そこにはおおむね、なんらかの「進歩」があるのに、人間関係にはあまり進歩が見られないからである。[3]

　では、「進歩」とはなにか。加藤によれば、それは問題解決の積み重ねであるとされる。人間には、「問題づくり」と「問題解決」という特殊な能力があり、この二つの能力を常に発揮しつづける。

　それを説明するために、加藤は日常生活における「問題」を例として挙げる。例えば、「食べ物がない、というのは人間の生存にとっての基本的『問題』であるが、その問題を解決するために、農業という方法を考え出す。水がないのが問題ならば、井戸を掘ったり池に水をためたりすることを考える。そして、解決された問題はすべての人々の共有財産になり、それは同時に、次の世代に譲りわたされてゆく。ある世代の解決した問題に次の世代があらためて直面する必要はない。いったん解かれた問題は次の世代にとっては言わばあたりまえのものとなって継承されるのである」[4]、とする。加藤が説明しているよ

---

① テオプラストス（森進一訳）『人さまざま』（岩波書店、2003年）。
②『人間関係―理解と誤解―』、8頁参照。
③『人間関係―理解と誤解―』、8頁参照。
④『人間関係―理解と誤解―』、8頁。

うに、人間は、技術などの領域では、祖先が遠い昔にいったん解いた問題を現代人があらためて解く必要はめったになく、問題解決の諸問題は積み重ねがきくのである。

　ところが、人間関係の領域ではどうやら問題解決の積み重ねが利きにくいようである。その証拠として、今触れたテオプラストスの『人さまざま』の一節である「ゴマスリ野郎」のシナリオを加藤は挙げる。[1]要するに、古代ギリシアの生活と現代文明のなかでの生活とのあいだには大きな開きがあるが、人間関係の問題に関するかぎり、ギリシア人と現代人は全く同じような状況で生きているのである。この問題ばかりは、積み重ねがきかない。つまり、人間関係の領域では、さっぱり「進歩」がないと加藤は指摘する。[2]昔から人間が直面する物質的問題は次々に解決され、その蓄積によって進歩がなされてきた。しかし人間関係の問題は、さほど進歩せずに、人類にとって永遠の問題である。人間関係の問題を解決する知恵はいつの時代も昔のままである。

　よって、人間関係が難題であるばかりか、人間は人間関係を解決する知恵を先祖から継承することもほとんどできないがゆえに、人間関係は永遠に問題であり、続けることになる。[3]しかし、その難しさを承知の上で、人とのかかわりを求め、たえず誰かとかかわろうとするのである。つまり、人間関係の問題から永遠に離れることのできないのが、人間の宿命なのである。[4]

　加藤は、人間関係は人類の続くかぎり人間が直面しなければならない永遠の問題であると同時に、きわめて現代的な問題だ

---

① 『人間関係―理解と誤解―』、8頁参照。
② 『人間関係―理解と誤解―』、8頁参照。
③ 『人間関係―理解と誤解―』、9頁参照。
④ 『人間関係―理解と誤解―』、9頁参照。

と指摘する。[1]「『人間関係』という言葉が作られたのは20世紀になってからのことであったが、あらためてこういう言葉で人間関係を概念化し、問題化しなければならなかったのは、現代社会での人間関係が、かつてなかったような新たな段階にさしかかってきたからである。あるいは、現代社会では、人間関係処理が、社会の中での中心問題になってきたからである。」[2]このとおりだとすれば、「人間関係」という言葉は今から百年ぐらい前に生まれたことになる。

　しかし、この判断の根拠は明らかではない。だが、その詮議はあまり意義がないので、これ以上問わないことにする。というのは、どの人間も、生まれつき、なんらかの形で他の人と関係しているからである。言い換えれば、いつの時代であっても、人間が存する限り、ある種の人間関係が存在するからである。ただし、「人間関係」という言葉がいわゆる人間関係が生じたときに同時に生まれたかどうかは、実際に文献を調べてみなければ正確には分からない。しかしながら、加藤の言うように、「人間関係」という言葉が20世紀の産物であっても、現在の人間関係を表す場合も、またギリシア時代の人間関係を表す場合も、全く違和感がないと思う。よって、「人間関係」という言葉の誕生や歴史に関してこれ以上探求しなくてもよいと考える。

　加えて、もう一つの理由として、前に触れた孤独感の生まれた時代が挙げられる。孤独感は現代社会の所産であるという意見があるが、その意見にはあまり賛成できない。というのは、孤独感に関する問題は古い書物にも見られるからである。例えば、『旧約聖書』の創世記は孤独の苦痛に触れ、神はアダムを創った後、「人が一人でいるのはよくない。彼のためにふさ

---

① 『人間関係―理解と誤解―』、10頁参照。
② 『人間関係―理解と誤解―』、9―10頁。

わしい助け手を創ろう」と述べている。また、ベン・ラザール・ミジャスコビッチ（Ben Lazare Mijuskovic）は、「人はみんないつでもどこでも深い孤独感に悩んできた」[1]という。以上のいずれもが、孤独感は現代の所産であるという意見の反例である。よって、孤独感の歴史自体は長いが、孤独感の研究史はまだ短いとしかいえない。同様に、人間関係の歴史自体は長いが、「人間関係」という用語はまだ歴史が短いとしかいえない。

第三節　人間関係と孤独感の先行問題

現代社会において人間関係と孤独感のどちらが先行したかは、興味深い問題である。考えてみれば、人は生まれながらにして和辻哲郎の言う人間（じんかん）であり、ある種の人間関係がすでに存している。すなわち、人という生き物は、そもそもがこの世に産まれ出たときから、すでに「人間」、すなわち「他者との関係性を既に持った「間柄」のある人」[2]という存在である。もしそうであるとすれば、人間関係はあたかも人間が生まれた瞬間に、あるいは、それよりも前に存しているように思われる。例えば、誰かの子として、誰かの孫として、誰かの兄弟として生まれたとすれば、そこには既に親との関係性、祖父母との関係性、兄弟との関係性が存している。換言すれば、親子関係などの基本的人間関係である血縁関係は、人が誕生した際に、厳密にいえば誕生する前に、すでに決められているのである。しかし、神はなぜアダムを創ったのか、そして、アダムを創ってからまたなぜイブを創ったのか。それは、神が「人が一人でいるの

---

[1] Mijuskovic, B. L. *Loneliness in Philosophy, Psychology, and Literature.* Assen: Van Gorcum Publishers, 1979, p.9.
[2] 和辻哲郎『倫理学』（上巻）（岩波書店、1965年）18頁。

はよくない」と判断し、寂しさや孤独を避けるためであった。とすれば、人類の発端から言うと、孤独感が人間関係に先行したと考えられるが、現代社会においては、逆に人間関係が孤独感に先行しているように思われる。前述のように、人間は生まれ出た時から既に人とのかかわりを持っている。それは血のつながりのある親族関係であると普通に考えられる。血のつながりの全くない人間関係、すなわち他人関係になると、話はもっと複雑になる。

　いずれにしても、人間が一人で生きられないことは言うまでもない。また、単なる血縁関係だけでも生きられそうもない。それよりもっと広い社会性を有する他の人間関係が必要になる。それらの人間関係においては、すなわち血縁関係が先行している他の人間関係においては、その関係性や親密さへの不満から孤独感が生じ得る。この場合に、孤独感が先行しているか、それとも人間関係が先行しているかは、簡単にいえない。それは「鶏が先か、卵が先か」といった議論に似ている。これは原因と結果が相互に連鎖する難しい問題である。また、人間関係と孤独感は「鶏と卵」のような因果関係以外の関係性も持ち得るがゆえに、この問題はいっそう難しいのである。

　要するに、人間関係は人類が誕生したときに生まれ、人間が存する限り続くものである。人類の歴史の全体からすれば、まず孤独感から人間関係が生まれ、そして人間関係から孤独感が生まれる。しかし、両方が混じり、どれがどれに先行するのかがよく分からない場合もある。人間関係は長い歴史を通じ、またいろいろなことに関連して現れる。

　周知のように、人間には、ライフサイクルの各段階において、さまざまな種類の関係が重要となる。幼い子どもの場合は、両親との関係が重要になり、子どもが成長するにつれ、仲間との関係が徐々に重要になってくる。大人になると、しばしば恋人

や配偶者との関係が第一になる。しかし、各段階で求められる関係が十分でないと、孤独になりやすい。つまり、人は、いくつかの人間関係を持っていても、各段階での中心的な関係を欠くならば、孤独感を持つ。したがって、孤独感は関係の量的欠如から生まれるだけでなく、関係の質的欠如からも生まれる。例を挙げると、人間が生活問題に取り組むときに最も気になるのは、衣食住である。いったんそれらの問題が解消すると、次に考えるのは、物質面よりも精神面の問題である。というのは、人間の探求心は、目に見える物質的なものから、目に見えない精神的なものへと高まるのが普通だからである。人間関係の問題においても同様である。真っ先に気になるのは人間関係の量であり、次に気になるのは人間関係の質である。もし人間関係が質的に満たされなければ、孤独感の深淵に陥るであろう。したがって、いわゆる関係の欠如とは、関係の量的欠如と関係の質的欠如の両方を言うのである。

　関係欠如に関するタイプ論のなかで最もよく知られているのは、ワイスが孤独感を「情緒的孤独感」と「社会的孤独感」とに区別したものである。ワイスによれば、「情緒的孤独感」は、緊密な情緒的愛着がないときに現れ、その解消のためには、ただ、別の情緒的愛着との統合、あるいは、失われていた情緒的愛着との再統合によって埋め合わせされるしかないとされる[①]。実際に他人との交流があろうと、なかろうと、この種の孤独感を味わっている人々は、まったく一人ぼっちであると感じがちである。それに対し、社会的孤独感は、魅力的な社会的ネットワークを持っていないことに起因し、その解消のためには、ネットワークに近づくしかないとされる。

　ワイスの言う「情緒的孤独感」は、緊密な情緒的愛着がないと

---

① *Loneliness: The Experience of Emotional and Social Isolation*, pp.18—19.

きに現れ、「社会的孤独感」は、魅力的な社会的ネットワークを持っていないことから現れる。いずれもある種の関係の欠如に起因する。正確に言うと、それは望ましい関係の欠如に起因し、根本的には、人間関係の理想と現実のずれによるものであると考えられる。

　このように心理学的な意味での「孤独感」は、人間関係から出発し、また人間関係に辿り着き、結局それは、人間関係の「理想像」→「理想像の崩壊」→「理想像の再構築欲求」→「理想像の実現難」という過程を辿る。すなわち、それは根本的には、人間関係の理想と現実のずれによるものであると考えられる。

第四節　孤独感と「甘え」

　土居の言う甘えられる親子関係は、人間関係の理想像であり、他の社会関係との比較を絶した親密な人間関係であり、蜜のような甘くて望ましい対人関係である。そのような親子関係は「甘え」の人間関係の理想である。その現実形態は多種多様であり、プラス形態を有する「健康で正直な甘え」もあれば、マイナス形態を有する「屈折した甘え」もある。前者は、甘えられる対人関係における「甘え」であるのに対し、後者は、甘えたいが甘えられない対人関係における「甘え」の変形である。この違いは、甘えたければ甘えられる人間関係の理想と甘えたいが甘えられない人間関係の現実とのずれから生じる。

　こうすると、望ましい人間関係の欠如に起因する孤独感と、「屈折した甘え」のあいだには、切っても切れない関係があることが明らかになる。「甘え」に積極的甘えと消極的甘えがあるのと同様に、孤独感にも積極的孤独感と消極的孤独感がある。孤独感が積極的であるか消極的であるかは、対応する人間関係が望ましいかどうかによる。望ましいほど孤独や「甘え」は抑圧

のないものとなると普通に考えられるが、「甘え」に関しては単なる人間関係によるのでなく、双方の「甘え」の依存程度に比例するものと思われる。いずれにしても、両者は親密で満足できる人間関係の欠如に起因する点で共通する。それがゆえに、心が満たされるともに深く甘えられる親子関係のような他の人間関係は、いっそう価値が高い。

　ジョン・ボウルビー（John Bowlby、1907—1990）は、土居論に先立ち、乳幼児と母親の愛着の重要性を説いている[1]。ボウルビーによれば、乳幼児と母親（あるいは永続的な母親代理者）との人間関係が、親密で、継続的で、しかも両者が満足と幸福感に満たされているような状態が精神衛生の根本であるとされる。また、彼は、土居同様、精神神経症や人格障害の多くが、母性的愛撫の欠如や、母性的人物との断絶によってもたらされると指摘する。この指摘は、親子関係のいかなる状態がその後の人間関係に多大な影響を与えるのか、なぜ親密で満たされた状態が人間の期待する理想的な精神状態であるのか、を裏付けている。したがって、孤独に陥りやすい人は、もしかすると乳幼児の時に母親との人間関係が不十分だった可能性がある。

　土居は『「甘え」の構造』の第五章の「現代人の疎外感」の一節において、「人間は生命的枯渇感を覚え、これを恢復するため今一度裸の人間にかえって感性的に生きようと決心する。そしてこの新たな探求は、……母性的なものへの憧れ、いいかえれば甘えに導かれているように思われる」[2]と述べ、そうした事例として、夏目漱石の『三四郎』を取り上げ、田舎から東京に出てきて現代文明に不安を感じ取る三四郎の次の言葉を記してい

---

[1] Bowlby, J. *Maternal Care and Mental Health*. New York: Columbia University Press, 1951, pp.178—201.
[2] 『「甘え」の構造』、234頁。

る。「世界はかように動揺する。自分はこの動揺を見ている。けれどもそれに加わることはできない。自分の世界と現実の世界は一つの平面に並んでおりながら、どこも接触していない。そして世界はかように動揺し、自分を置き去りにして行ってしまう。甚だ不安である」[1]、とする。土居はこの置き去りにされるという感覚が「甘え」の心理を前提としていると言い、現代人が人間疎外という言葉で表現する感覚の実体は、幼児が母親に置き去りにされたときに感じる生命的な不安であるとする。

　こうした土居の言う「現代人の疎外感」や「生命的な不安」は実にエーリッヒ・ゼーリヒマン・フロム（Erich Seligmann Fromm、1900—1980）の「孤独感」論に相通じている。

　フロムは、幼児が母親から離れていく過程を「孤独」として説明している。それは個人が原始的な絆から次第に脱出していく過程であるとされる。この原始的な絆はフロムによって「第一次的絆」[2]と呼ばれ、幼児に安定感や帰属感を与える。子どもは生まれると、もはや母親とは一体ではなくなり、母親から離れた一個の生物学的存在となる。フロムは母親の肉体から独立することを、個人的な人間存在のはじまりといい、さらにこの独立を「生物学的分離」と呼ぶ。ここであえて「生物学的」というのは、それは単に二つの肉体が分離したことによる生物学上の分離であるからであり、機能的には、幼児は食物、肉体の移動、その他生命に関した重要な点ですべて母親の世話をうけており、まだ母親の一部分であるといえる。

　しかし、こうしたケア関係とは別に、子どもは物理的に母親

---

[1] 『「甘え」の構造』、235頁。

[2] エーリッヒ・ゼーリヒマン・フロム（日高六郎訳）『自由からの逃走』（東京創元社、1951年）35頁。

の肉体から分離すると、各能力がどんどん発達していき、徐々に、母親やその他のものを、自分から独立している存在と考えるようになる。そして、「第一次的絆」が次第に断ち切られるにつれ、独立したいと思うようになる。フロムはこの独立を求める過程を個人の「個性化」の過程と呼ぶ。[①]さらに、この過程には二つの側面があるという。その一つは子どもが肉体的にも感情的にも精神的にも、ますます強くなっていく面である。自我の力の成長と言うこともできる。いま一つは、孤独が増大していく面である。つまり、個性化の過程は「個人のパーソナリティがますます力を獲得し完成していく過程であるが、同時に他者と一体になっていた原初的な同一性が失われ、子どもが他者からますます分離していく過程でもある。この分離が進む結果は、淋しい孤独となり、はげしい不安と動揺を生み出す」[②]。

　もし分離と個性化の進む一歩一歩が自我の成長と対応しているならば、その子どもの発達は調和のとれたものとなるはずである。しかしながら、実際にはこのようなことは起こらないとフロムはいう。[③]というのは、「個性化の過程は自動的になるのに反し、自我の成長は個人的社会的な理由でいろいろと妨げられる」[④]からである。したがって、この二つの傾向のずれが耐えがたい孤独感と無力感とを生み出すのである。それによる不安を解消するために、人間はかつて安定を与えてくれた第一次的な絆を求めようとする。しかし、その絆は、ひとたびたちきられると、二度と結ぶことはできない。こうすると、すべての人間との積極的な連帯と、愛情や仕事という自発的な行為に

---

① 『自由からの逃走』、38頁参照。
② 『自由からの逃走』、40頁。
③ 『自由からの逃走』、41頁参照。
④ 『自由からの逃走』、41頁。

より、個別化した人間を再び世界に結びつけるしかない。

　フロムは「幼児が母親から離れていく過程において個性化するほど孤独が増大していく」[①]といい、「孤独」を人間の個性化が進む結果として取り扱い、「孤独感」をそこから生まれた不安と動揺として理解している。それは土居の言う幼児が母親に置き去りにされたときに感じるものと全く同じものである。土居は、それを「生命的な不安」といい、「現代人の疎外感」と呼ぶ[②]。ただし、「疎外感≠孤独感」のことに注意しなければならない。そのことはそれぞれ対応する反対語を思い浮かべるとすぐ分かると思う。反対語として、「疎外」には「親密」、「不安」には「安心」が思い浮かぶが、「孤独」には何が思い浮かぶであろうか。即答できる反対語が簡単には思い浮かばないであろう。なぜなら、疎外感や不安は人間にとって絶対的にマイナスな心理感覚であるのに対し、孤独感は必ずしもマイナスイメージばかりではないからである。

　「孤独」は、確かに「一人でいる」ことを意味するが、「一人でいられる」人間ならば、「孤独」はおそらくその人の追い求める境地であろう。しかし、「一人でいられない」あるいは「一人でいるのが嫌な」人間が一人でいれば、多分「一人ぼっち」や「不安」などのマイナスの心理感覚が生み出されるであろう。だとすれば、「孤独」は「孤独感」とは異なる。「孤独」は「一人でいる」状態のことであり、その状態についての客観的記述である。それに対し、「孤独感」はその種の状態から生まれた心理的感覚である。その感覚というものは、人によって違う。積極的なものもあれば、消極的なものもある。それが前述した積極的孤独感と消極的孤独感の相違である。

---

① 『自由からの逃走』、39頁。
② 『「甘え」の構造』、234頁。

第五節　まとめにかえて

　このように見てくると、人間関係と孤独感と「甘え」との関連性が明らかになる。孤独を感じるから人間関係を欲するのか、それとも人間関係の欠如が孤独感を引き起こすのかの議論は、既に見たように、それは「鶏が先か、卵が先か」といった議論に似ている。どちらが先行するのかは、簡単には結論づけられない。しかし、孤独感が人間関係の欠如に起因するものもあれば、量的な欠如に起因するものも、質的な欠如に起因するものもある。というより、満足できる人間関係もしくは甘えられる人間関係の欠如に起因するというほうが適切である。根本的に、孤独感は人間関係の理想と現実のずれによるものである。すなわち、親密で満足できる人間関係の欠如に起因する点で、孤独感は「屈折した甘え（消極的な甘え）」と共通する。

　一方で、フロムは幼児が母親から離れていく過程で生まれる不安を孤独感として理解する。フロムは「第一次的な絆」から離れるほど「孤独感」が増大していくという。フロムの言う「第一次的な絆」はすなわち土居の言う甘えられる親子関係である。さらにフロムはそこから生まれた不安と動揺を解消するために「積極的な連帯」によって再び世界に結びつくという。ここでの「積極的な連帯」は、実は「第一次的な絆」のような絆であり、土居の言う「他の親子関係のような甘えられる人間関係」である。すなわち、土居の「甘え」理論とフロムの「孤独感」論はいずれも親子関係（親子の絆）を前提とし、またいずれも努力して親子関係（原始的な絆）を取り戻そうとする点で共通する。それに、二者はいずれも他の人間との親密なかかわりの構築（世界と結びつくこと）により、母親から離れていく過程で生まれる（生命的な）不安を解消しようとする。

　こうすると、孤独感が、満足できる人間関係もしくは甘えられる人間関係の欠如に起因するものとみなされようとも、人間の個性化が進む結果とみなされようとも、「甘え」とは切っても切られない関係を持っていることが分かる。土居は、現代人の疎外感は「甘えの心理を前提にしている、また甘えに導かれている」[1]という。したがって、フロムの言う孤独感も、根本的には土居の言う「甘え」の心理を前提にし、また「甘え」によって救われるのであろう。

---

[1] 『「甘え」の構造』、234頁。

第三部

「甘え」の倫理学的意義

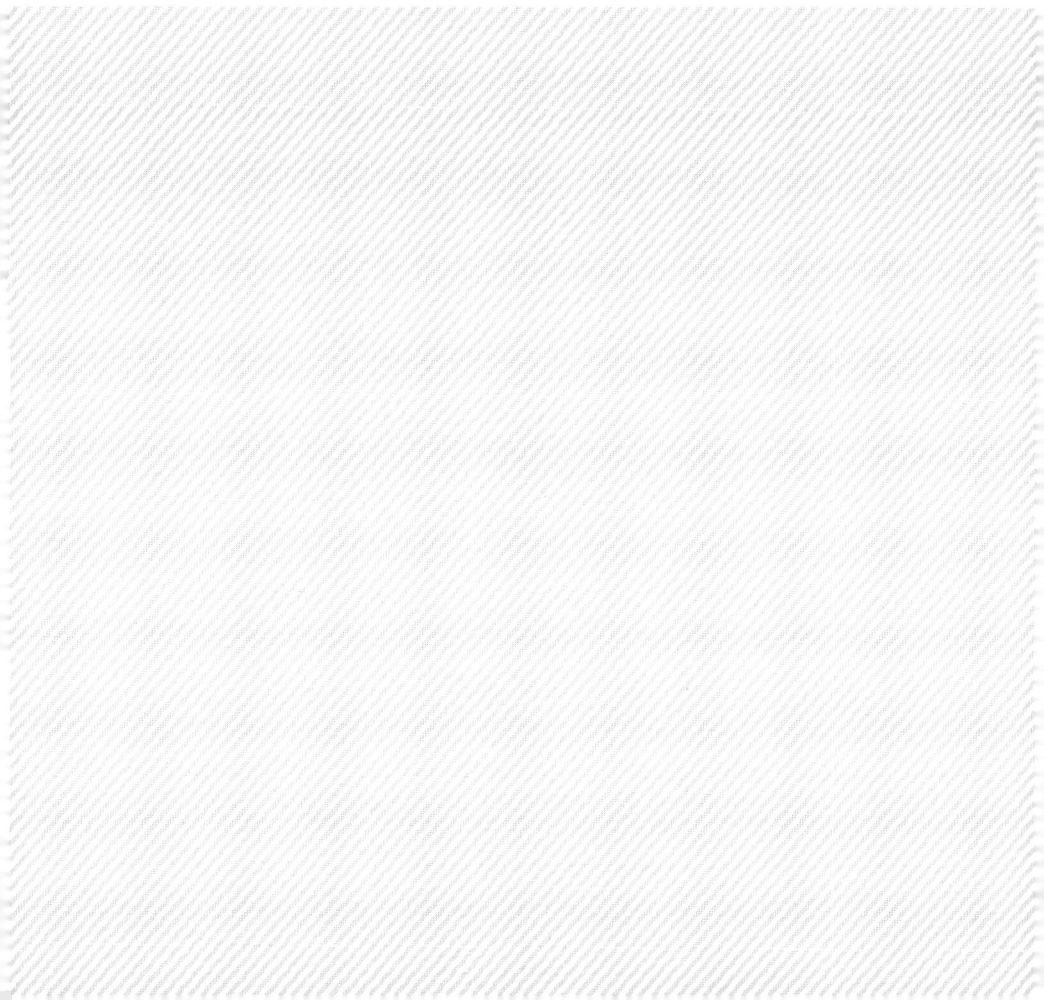

　第三部においては、「甘え」の倫理学的意義を探求する。主として和辻哲郎の『倫理学』及び『ニイチェ研究』を通して考察を行う。この第三部は三章からなる。第八章では、和辻哲郎の「人間」論について、第九章では、和辻哲郎の「間柄」論について、第十章では、和辻哲郎による「生の哲学」からの提案について、それぞれ検討する。具体的には、第三部では、以下の手順をふみ、「人間存在」に見る「甘え」の倫理学的意義を提示していく。

　第八章（和辻哲郎の「人間」論）では、「甘え」を考える際、前提として議論される人間関係について、日本的な倫理学的視点を提示する和辻の思想を通し、その内実を明らかにする。

　第九章（和辻哲郎の「間柄」論）では、日本的人間関係を「間柄」という概念で倫理学的に解説する和辻の理論を取り上げ、日本的関係論に見る倫理的意義を考察する。

　第十章（和辻哲郎による「生の哲学」からの提案）では、和辻が日本的伝統への強い関心のもと、情意を「欲動の力の体系」の起点として、個々人と生の本質とをつなぐ「生の哲学」を展開した『ニイチェ研究』（1942年）を取り上げる。ここでは、急速な科学技術や情報化の進展によって我々の根本的な生の在り方が揺らぐ現在において、「甘え」関係をふまえた「生の哲学」の意義が示される。

第八章　和辻哲郎の「人間」論

第一節　人　　間

　和辻によれば、人は個体的に有り得るとともにまた社会的で
あるところのものであり、このような二重性格を最もよく言い
表しているのが「人間（じんかん）」という言葉なのであるとい
う。[1]日常の用法において人間はmanやmenschの同義語である
が、人間という字面そのものが示しているように、それはまた
人と人のあいだ、すなわち「世の中」「世間」を意味する言葉でも
あったという。[2]和辻によれば、「世の中」が人間という語の本
来の意味なのであり、後に日本人はその長い歴史生活のあいだ
にこの語を個体的な「人」の意味に転用したという。[3]したがっ
て、人間とは、「世の中」であるとともにその中における「人」で
もある。それは単なる孤立した「人（manやmensch）」ではないと
ともに、また個別具体的な人間と区別される抽象的な「社会」で
もない。このような個人と社会との両義的関係について、和辻
は、「人間が人である限りそれは個別人としてあくまでも社会
と異なる。それは社会でないから個別人であるのである」[4]、

──────────

① 　和辻哲郎『倫理学』上巻（岩波書店、1965年）16頁参照。
②『倫理学』上巻、16頁参照。
③『倫理学』上巻、16頁参照。
④『倫理学』上巻、17─18頁。

「人間は世の中である限りあくまでも人と人との共同態であり社会であって孤立的な人ではない。それは孤立的な人でないからこそ人間なのである」①と語り、あくまでも「世の中における人間」というスタンスを支持するのである。

　では、ここで言われる「世の中」「世間」とは何を意味するのであろうか。

　　第二節　世　　間

　ドイツ語のweltには人間的な意味があり、その意味は日本人からみれば日本語の世間に当たるものであると和辻は言う。②例えば、ein mann von weltは「世慣れた人」、weltkundigは「世間通の」、weltfremdは「世間知らず」と訳すことができる語であり、weltはそれぞれ人と人がかかわる社会圏を意味している。③つまり、weltは自然界に限定された語ではなく、人と人とのかかわり合い、すなわち共同存在、社会を前提とした言葉なのである。

　また、このweltという語がin-der-weltと表現される場合について和辻は次のように解説している。ここでweltとともに並べられる場合のinは、単に空間的な意味のみならず、男女のあいだ、夫婦のなか、間を隔てる、仲違いするなどの用法と同じように、極めて明白に人間関係を言い表していると和辻は指摘する。④このことからもweltという語が使用される場合には常に人と人の関係が想定されているのであるという。⑤すなわち、このような人間関係は、空間的な物と物との客観的関係ではな

---

① 『倫理学』上巻、18頁。
② 『倫理学』上巻、21―22頁参照。
③ 『倫理学』上巻、20頁参照。
④ 『倫理学』上巻、20頁参照。
⑤ 『倫理学』上巻、20―21頁参照。

く、人と人が主体的に相互にかかわり合うところの「交わり」「交通」という人間間の行為的連関であるとされる。①つまり、和辻においては、人は主体的に行為することなしにはいかなる「間」「仲」にも存し得ないと考えられ、それゆえ、「間」「仲」は主体的行為的連関としての生ける動的な間であると捉えられたのである。したがって、「世間」「世の中」という言葉は、このような「間」「仲」と、時間的場所的な「世」という言葉との結合からなっており、「世間に知られる」「世の中を騒がせる」というように、その表現の背後には主体的な人と人とがつながる共通の場が想定されているといえる②。

　以上のことをふまえれば、和辻が「世間」「世の中」などの「社会」概念を考える場合、個々の主体を共有する「共同存在」を意味していることが理解される。さらに、そこにおいて個人は「共同体的主体」とされ、そうした個人で構成される世間は「主体的共同存在」と規定される。③そのことを、和辻は「知る主体、騒ぐ主体としての世間は、人と人とのあいだの行為的連関でありつつ、しかもこの連関における個別主体を超えた共同的な主体、すなわち主体的共同存在にほかならぬ」④と述べている。加えて、和辻によれば、weltという語はこの主体性を含意し、「世」「世代」にまで意味を波及していくという。⑤

　この「世」に位置づく「人」であるところの人間について、和辻は「世の中」としての性格を「人間の世間性あるいは社会性」と呼び、それに対する「人」としての性格を「人間の個人性」という。⑥

――――――――――

① 『倫理学』上巻、20頁参照。
② 『倫理学』上巻、20―21頁参照。
③ 『倫理学』上巻、21頁参照。
④ 『倫理学』上巻、21頁。
⑤ 『倫理学』上巻、21―22頁参照。
⑥ 『倫理学』上巻、22頁参照。

要するに、和辻の場合、人間とは、「個人性」と「世間性あるいは社会性」の両性格を有しているとされる。それゆえ、彼は、人間を「個人性」と「世間性」の両性格の統一として把捉しなければならないという。[1]したがって、一般に、人間を単に「人」と見るのは個人性の側面からのみの抽象的な人間理解となり、それだけでは具体的な人間を把捉することはできないとされる。和辻にとって人間は、あくまでも「主体的な共同存在」で連関において行為するところの個人と解されるのである。

　では、ここで、改めて和辻における「存在」という概念がこの文脈で何を意味しているのかについて解説しておこう。

第三節　存　在

　和辻によれば、絶えず個人を生産しつつその個人を全体の中に没せしめるような人間の有り方、言い換えれば有（特殊、多）から無（普遍、一）へ、無から有への転変、日本人はそれを「存在」という概念によって現そうとするという。[2]

　西洋の概念が流入した明治期以降、「存在」という言葉はドイツ語[3]のseinの同義語として邦訳されて用いられてきた。しかしながら、和辻はそうした西洋的「存在」の理解と使用に異を唱える。彼は、日本的な「存在（世界との無〈一：普遍〉と有〈多：特殊〉の即応関係としての人間の在り方）」という概念がseinに当たるものではないと考え、存在概念をseinから引き離すべきであると主張する。[4]なぜならば、それは「存在」という言葉の意

---

[1] 『倫理学』上巻、22頁参照。
[2] 『倫理学』上巻、22頁参照。
[3] ちなみに、「存在」の語義を示すドイツ語としては、existenzも挙げられる。
[4] 『倫理学』上巻、23頁参照。

味があまりにもはなはだしく、seinの意味と異なっているからであると彼は言う。①彼によれば、フィヒテ哲学の出発点においてseinの語意は「AはBである」という「措定」であり、ヘーゲルの論理学の出発点であるseinも直接無限定の「である」であって日本的な「存在」概念と一致しない②、とされる。これらのseinは私たちが考える意味においては形式論理学のコプラ（主語と述語の連結を表す繋辞：例えば「AはBである」の「である」）として働いていると考えられた。③しかし、コプラとして働く繋辞としてのseinは、他面において存在動詞としての「がある」をも意味する。④すなわち、seinは「である」でもあれば「がある」でもある。したがって、このようなseinを「無」をも包摂する日本的な「存在」という言葉に置き換えられないと和辻は示唆するのである。

　では、ここで言われる「存在」という言葉は本来何を意味していると和辻は考えたのであろうか。和辻の『倫理学』から抜粋してみよう。

　和辻によれば、「存」の本来の意義は主体的な自己保持であるとする。⑤それは亡失に対する把持、亡失に対する生存である。その「存」はあらゆる瞬間に「亡」に転じ得るもの、すなわち時間的性格を本質的規定とするところの、存亡の「存」である。⑥そして、「在」の本来の意義は主体がある場所にいることである。それは「去」に対する。和辻によれば、去るのは自ら去り得るものがある場所から他に移り行くことであるから、自ら去来し得

---

① 『倫理学』上巻、23頁参照。
② 『倫理学』上巻、25頁参照。
③ 『倫理学』上巻、23頁参照。
④ 『倫理学』上巻、23頁参照。
⑤ 『倫理学』上巻、24頁参照。
⑥ 『倫理学』上巻、24頁参照。

るもののみがある場所にいることができるという。①例えば、「在宅」「在世」などの用法は皆それを示している。ここでは、主体のいる場所というのは、宅や世などの社会的な場所である。広義にいえば、「在」がかかわるのは、家族や世間というような人間関係が成立する場でもある。したがって、「在」は主体的に行動する者がなんらかの人間関係のなかを去来しつつその関係においてあることにほかならないと和辻は述べる。②

　このように、和辻にとって、「存」は「亡(無)」へと転じる瞬間としての主体の自己把持であり、「在」が主体的な人間関係においてあることにほかならない。そうした「無」と即応しつつ展開される自他関係としての「存在」を、和辻は「間柄」や「人間の行為的連関」という概念で示したのである。

---

① 『倫理学』上巻、24頁参照。
② 『倫理学』上巻、24頁参照。

第九章　和辻哲郎の「間柄」論

　前章においては、「甘え」を考える際、前提として議論される人間関係について、日本的な倫理学的視点を提示する和辻哲郎の思想を通し、その内実を明らかにした。

　和辻によれば、「人間は世の中である限りあくまでも人と人との共同態であり社会であって孤立的な人ではない。それは孤立的な人でないからこそ人間なのである」[①]とする。そして、この「世」に位置づく「人」であるところの人間について、和辻は、「世の中」としての性格を「人間の世間性あるいは社会性」と呼び、それに対する「人」としての性格を「人間の個人性」という。したがって、一般に、人間を単に「人」と見るのは個人性の側面からのみの抽象的な人間理解となり、それだけでは具体的な人間を把捉することはできないとされる。和辻にとって人間は、あくまでも「主体的な共同存在」で連関において行為するところの個人と解されるのである。その「存在」について、和辻にとって、「存」は「亡（無）」へと転じる瞬間としての主体の自己把持であり、「在」が主体的な人間関係においてあることにほかならないとする。[②]要するに、和辻にとって人間とは、そうした「無」と即応しつつ展開される自他関係としての「存在」といえる。

---

① 『倫理学』上巻、18頁。
② 『倫理学』上巻、25頁参照。

　以上のように、和辻は人間の在り方について、「人間」「世間」「存在」の観点から考察するが、加えて、彼は「間柄」や「行為的連関」という概念でも語っている。それゆえ、本章では、和辻の人間観を明らかにするために、引き続き『倫理学』を通し、和辻の言う「間柄」「行為的連関」の考え方について考察してみたい。

第一節　相依関係としての「行為的連関」

　本節では、和辻の説く、日常的事実を前提とする人間の「行為的連関」について、その内容を和辻の倫理概念「間柄」に対応させつつ具体的に検討していく。

　例えば、本を読むというケースを考えてみよう。そこには本の著者とそれを読む読者との連関がある。この場合、著者において書くということが読む相手なしに進められてきたと考えられるであろうか、と和辻は問う。「たとい言葉が独語として語られ、何人にも読ませない文章として書かれるとしても、それはただ語る相手の欠如態に過ぎないのであって、言葉が本来語る相手なしに成立したことを示すのではない」[1]と彼は言う。

　続けて彼はこう語る。そうしてみれば、「書物を読み文章を書くということはすでに他人との相語っていることなのであり」[2]、「他者と連関していることを意味する」[3]。したがって、一人が語り他の人が聞くのと、一人が書き他の一人が読むことは、いずれも他者との連関の中に立ち、他者との連関においてはじめて存立しているといえる。

---

① 『倫理学』上巻、52頁。
② 『倫理学』上巻、52頁。
③ 『倫理学』上巻、52頁。

　このことは和辻が認識や存在について重視する「間柄」として関係性とまったく異なるところがないのである。言いかえれば、書き手は読み手に規定されることによって書き手であり、読み手は書き手に規定されることによって読み手である。同様に、語り手は聞き手に規定されることによって語り手であり、聞き手は語り手に規定されることによって聞き手となる。それゆえ、「著者と読者との関係」というものは、「著者と読者とが相寄って作るところの関係」[①]にほかならず、著者は読者との関係によってはじめて著者であり、読者もまた著者との関係によってはじめて読者である。要するに、「この関係が著者を著者たらしめ読者を読者たらしめるのである」[②]。かといって、「著者と読者よりも先にその関係があるわけではなく、関係はあくまでも読者と著者とのあいだに作られるのである」[③]。和辻によれば、両者は「いずれもそれ自身独立に先立って存することはできぬ。ただ相依って立ち得るのである」[④]。そのような具体的な事実を前提とする人間相互の「行為的連関」こそが和辻の言う「間柄」の関係といえるのである。

　このような関係は「学生」と「教師」とのあいだにも存すると和辻は言う。[⑤]学生は教師との関係によってはじめて学生であり、教師もまた学生との関係によってはじめて教師である。すなわち、学生と教師とが相寄って一定の「間柄」を作っている。このような「間柄」が学校と呼ばれるものによって成り立ち得る。和辻によれば、学校は一定の建物や設備によって表示されているが、しかし、建物設備が学校そのものなのではないとい

---

① 『倫理学』上巻、55頁。
② 『倫理学』上巻、55頁。
③ 『倫理学』上巻、55頁。
④ 『倫理学』上巻、55頁。
⑤ 『倫理学』上巻、56頁参照。

う。[①]というのは、学校が廃止されても建物は依然として残ることができ、また建物なくしても学校は創立され得るからである。それゆえ、和辻は、学校とはこれらのものによって表現されている一つの人間関係であると語る。[②]そして、この人間関係における基礎的な契機が、学生と教師との「間柄」なのである。もしそうであれば、「学生と教師とが相集まって作るはずの「間柄」が、すでに先立って「学生─教師」というような資格を限定する地盤となっている」[③]といえる。すなわち、「学生と教師とがなければ学校という一種の団体は成り立たない」[④]ということになる。学生と教師は学校という人間関係に入ることによってはじめて「学生─教師」であり得るのである。したがって、教師と学生とのあいだにも、上の著者と読者との連関と同じような、事実に立脚する自立した相依関係としての「行為的連関」が成り立っているのである。

　以上のような相依関係は前述した「著者─読者」や「学生─教師」のあいだに存するのみならず、家族においても同じく存する。和辻によれば、親子という資格は家族の「間柄」から規定されるのであるが、家族の「間柄」は親子のあいだに作られるのであるとする。[⑤]例えば、「親」とはただ「子の親」としてのみ親であると同様に、「子」もまたただ「親の子」としてのみ子であるから、親と子とはただ「間柄」からしてのみ親と子とであり得るのである。しかも、親子の「間柄」はあくまでも親と子とのあいだに作られるのであり、親子がそれぞれ別人として対立しないところに親子の「間柄」などというものが認められるはずもない。

① 『倫理学』上巻、56頁参照。
② 『倫理学』上巻、57頁参照。
③ 『倫理学』上巻、57頁。
④ 『倫理学』上巻、57頁。
⑤ 『倫理学』上巻、59頁参照。

したがって、親子のあいだにも自立した相依関係が成立すると和辻は述べるのである。

　ここまで述べてきたような相依関係の事実から、所謂人間関係というものの内実が分かってくる。つまり、人間関係というものは、主体が個々の人間ではあるが、誰か一人の個人において発生し得るものでもなく、必ず一人の個人と他の個人とのあいだにて、あるいはそれよりもより多くの個人において生じ得るはずのものである。しかも、そこでは、個々人は互いに孤立している個人あるいは一人の個人の人間存在ではなく、ある種の関係における共同存在にあると言っても差支えない。この見方に立てば、我々人間は日常的に「間柄」的な存在においてあるといえる。

　この「間柄」的存在は以下のような二つの関係を有すると和辻はいう。一つには「間柄が個々の人々の『間』『仲』において形成される」①ということである。二つには「間柄を作る個々の成員が間柄自身からその成員として限定される」②ということである。一の観点からすれば、「間柄に先立ってそれを形成する個々の成員がなくてはならぬ」③。二の見方からすれば、「個々の成員に先立ってそれを規定する間柄がなくてはならない」④。したがって、この二つの関係は互いに矛盾するが、同時に、常識の事実として認められていると和辻は指摘する。⑤

①『倫理学』上巻、61頁。
②『倫理学』上巻、61頁。
③『倫理学』上巻、61頁。
④『倫理学』上巻、61頁。
⑤『倫理学』上巻、61頁参照。

第二節　人間存在における個人的契機

　前節において述べたように、和辻は日常生活の立場から一面
において「間柄」が個々の人々のあいだの連関として形成され
ることを認めている。本節においては、引き続き彼が主張する
個々の人の内実がいかなるものであるかを考究してみたい。
　一般に、人は、自我意識を含む心と物質的な肉体とから構成
されると考えられる。また、その心身を理解するためのアプ
ローチに際し、肉体を単なる物理的身体として純粋に生理学の
対象として取り扱う場合がある。例えば、医者が手術台におい
て取り扱う患者の肉体は往々にして物として体のパーツと
して取り扱われる。[1]ただし、それは一般的な外科手術の行為に
限られるかもしれない。手術がいったん終われば、患者の部位
を物と見ていた医者であっても術後は患者の心を含めた患者
自身の存在そのものを配慮して接することが一般的であると
思われる。ここには医療行為をめぐるある種のギャップが存
在する。それは、「患者の存在そのもの」と「物としての身体」と
いう埋めがたい落差といえる。
　和辻もまた、この事実をふまえ、「生理学的な肉体についてな
らば、個々の肉体ということは個々の樹木というごとく容易に
言い得られる」[2]が、「主体的なるものの表現、具体的資格におけ
る人としての肉体は、それとは同じではない」[3]、「人を単なる生
理学的肉体として取り扱うためにはその人からさまざまな資
格を取り除き抽象的な境位を作らなくてはならぬ」[4]と語る。

---

① 『倫理学』上巻、63頁参照。
② 『倫理学』上巻、65頁。
③ 『倫理学』上巻、65頁。
④ 『倫理学』上巻、64頁。

　以上の一体（全体）性と分離性を補足するために、和辻は「母親—嬰児」の例を出して解説しているので以下に引用してみよう。

　　母親と嬰児とは全然独立な二つの個体と考えることができぬ。嬰児は肉体的に母親を求め、母親の乳房は嬰児に向かって張ってくる。もし両者を引き離せば猛烈な勢いで互いに相手を求める。このような肉体を二つに引き離してしまうことを古来「生木を裂く」と言う言葉によって言い表わしている。それによって見ても母親の体と嬰児の体とは繋がっているのである。その綱が細胞でないから両者のあいだにつながりがないと主張するのは、ただ生理学的な肉体についてのことであり、主体的な肉体には関しない。母親とか子とかという資格はその肉体の資格でもある。子にとっては母親の肉体はあらゆる他の肉体と異なった独特のものであり、母親にとっても子の肉体は唯一な特殊な肉体である。このような肉体的連関において両者を独立の個体と認め難いことは当然ではなかろうか。嬰児を家に置いて外出した母親は絶えず嬰児から引かれている。嬰児もまた母親の帰りを待ち焦がれる。かかる引力は物理的引力ではないにしても、しかも両者を結びつける現実的な引力である。原子核とそのまわりを回る陰電子とが別々の個体ではなくして一つの原子であると考え得られるならば、母親の肉体と子の肉体ともまた一つのものであると考えられてよいであろう。①

―――――――――――

① 『倫理学』上巻、65頁。

　先の引用から分かるように、母親は子にとって、子は母親にとって、お互いに特別な存在といえる。肉体的には互いに独立の個体と認められなくもないが、肉眼で見えない何らかのつながりによって両者が普通の連関とは別の和辻流の「間柄」として結びつけられているといえる。それは、子が母親の体から生まれてくることとは無関係ではないが、肉体的連関よりも、心理的連関がより強く働きかけているからであると思われる。このことを和辻は、したがって、「肉体と肉体とのあいだのつながりと称しているものは実は心理的関係」[1]であると述べている。

　肉体を単なる生理学的身体として取り扱うという唯物的な視点が現実に存在するが、確かに、和辻が述べるように、現実において肉体は心と不可分に結びつき、その人物の存在全体さらには他者との関係を形成しているものと思われる。

　しかも、以上のことをふまえるならば、和辻がその関係を示す「間柄」としての個体間の連関もまた、肉体的連関より心理的連関のほうを指しているといえそうである。だが、和辻は別言し、こうした心身関係を、「肉体的あるいは物理的連関でなくして単なる心理的連関であると見るのも明白な誤りである」[2]とも語る。このことを、彼は、「喜びに心がおどる」という表現を例に、そこでの心身の連関は「単に物理的でもなければ単に心理的でもなく、また両者の結合でもなく」[3]、この事態は既に肉体と心との不可分性を示しているという。つまり、肉体に即していえば、「肉体における主体的なつながり」[4]と解することも

---

① 『倫理学』上巻、67頁。
② 『倫理学』上巻、70頁。
③ 『倫理学』上巻、70頁。
④ 『倫理学』上巻、70頁。

できるのである。

　このことからいえることは、肉体はおのずからにして個別的
に独立したものではない。それゆえ、肉体に固執する見方は、
肉体を独立な個体とするためには、他の肉体とのつながりを絶
ちきり、他とのあいだの引力を絶縁しなくてはならぬと和辻は
述べる。[1]そして、この立場は、「肉体と肉体との間のつながり
を破壊・否定することによってのみ肉体の独立性」を獲得する
が、それは同時に「肉体の背負っている資格を破壊することで
あり、この資格の破壊は「間柄」的存在からの背反によってのみ
得られる」[2]と解説する。すなわち、和辻にとって心身は主体の
次元に照らすとき、相即なものであり、そうした主体間は「間
柄」の概念でつながれるものといえる。

　この「間柄」的関係性について、和辻は先の母子の例を使って
次のように説明している。

　母親の肉体は、親子関係からそむき、母親としての肉体的資
格を脱却した時に初めて子の肉体から独立することができる。
しかし、この場合には肉体はただ相対的に独立するのみであ
り、絶対的に独立な個体となるのではない。したがって、和辻
は「肉体の個別的独立性を得るためには、あらゆる「間柄」から
の背反、あらゆる資格の破壊がなくてはならぬ」[3]と批判的に指
摘する。逆に、「間柄」の内に関係を見る場合、肉体は他の肉体
とつながったものと捉えられ、そこではもはや肉体は単なる
「物体」として取り扱われることはないのである。

　以上の考察に基づけば、和辻は、我々が人間である限り、肉体
のみに依存するものでなく、その主体性の内実と各人の心身関

---

① 『倫理学』上巻、70頁参照。
② 『倫理学』上巻、70頁。
③ 『倫理学』上巻、70頁。

係は「間柄」的存在の内に捉えられなければならないとされるのである。

　では、心の一要素であり、その精神活動の起点に位置づけられる自我意識について、和辻はどのように把握するのであろうか。その個別性は、間柄的主体性とどのように結びつけられるのであろうか。それらの疑問を解くために、主体的実践の立場に即して「われ意識す」と語る和辻の記述内容[1]を以下に考察してみたい。

　「我思う故に我在り」と言っているデカルトにおいては、「我れ意識す」とは、我れが何かを見、触れ、想像し、疑い、洞察し、肯定し、否定し、欲し、欲せず、愛し、憎む等々の働きをすることである。このような働きと引き離された我れというものがあってそれがかかる働きをするというわけではない。我れは何かを意識することにおいて我れなのである。それゆえ、和辻は、重ねて我れの意識は「意識されるもの」と引き離すことができないという。「見る」というのは、「見られる何か」を見ることであり、「愛する」というのも、「愛される何か」を愛することである。つまり、「我れ意識す」といえば、正確には「我れ何ものかを意識す」ということになる。

　もしその「何ものか」が他者であれば、「我れ意識す」は「我れが汝を意識する」となる。しかも、それは相手にとっても同じであるので、「汝が我れを意識する」ことと絡み合ってくる。というは、このような意識作用は、我れの意識と汝の意識のどちらかのみから規定されるのでなく、その「間柄」における自他双方から規定されているからである。したがって、「間柄」的存在においてはお互いの意識は浸透し合い、またお互いに影響し合うがゆえに、自我意識が主体性を保ちつつ独立であることはで

---

[1] 『倫理学』上巻、73—75頁参照。

きないのであると和辻は述べる。①

　では、以上のような自他の意識の浸透は、感情面においてどのようにかかわるのであろうか。

　和辻はこれについて「共同感情」(すなわち共感)という概念でもって説明する。文字通り、この自らに生じる「共同感情」は、「我れは同一の感情を他と共にする」②ことを意味する。しかも、和辻はこの場合の自我について、「自我の意識の独立は最も完全に失われている」③と述べ、感情伝染の際、「明白に意識の浸透が行われる」④と解説する。

　すなわち、「共同感情」の視点に立つとき、意識の相互浸透が起こっていると理解される。そのことを和辻は、「我れの意識が他の人を志向するものとして把捉される限り、それは単なる志向ではなくして「間柄」であり、したがって意識の相互浸透が認められねばならぬ」⑤と述べている。

　では、我れの意識が以上のような対人関係を離れ、人とともに「物」や「事」を志向する場合はどうであろうか。

　この際の意識作用は一方的志向であって相手から規定されないため、我れの意識のみが働くと考えられないであろうか。しかし、和辻は、このケースにおいても、「この場合といえども、自他の連関が他面に存する以上、自我の意識は独立してこない」⑥と答えている。彼が挙げる例を見てみよう。

　我れが人とともにある物を見るときには、「ともに見る」ので

---

① 『倫理学』上巻、73頁参照。
② 『倫理学』上巻、74頁。
③ 『倫理学』上巻、74頁。
④ 『倫理学』上巻、74頁。
⑤ 『倫理学』上巻、76頁。
⑥ 『倫理学』上巻、76頁。

あり、我れのみが見るのではない。①ここでも前掲した我れと人との共感が行われている。我れがその物の美しさを感ずる意識と汝が同じ物に対する意識とは全く独立のものでは有り得ない。②そこでは、物に対し、我れと人、つまり「我われは同じ美しさをともに感ずる」③のである。しかも、「二人の感じ方の相違ということもこの共感の地盤においてのみ比較され得る」④とされる。つまり、このような「物」をめぐる我れと人との関係は、前述した対人関係における我れと汝の関係同様、お互いに直接に規定する規定される意識作用の意識ルートがなくても、同じ物へ向けられた他の主体の意識を借りることにより、間主観的な共感作用が成立するとされるのである。すなわち、主体間は同じく意識されたものを媒介として、自我と他我との共感あるいは交わりが生まれてくるのである。簡潔にいえば、他面に自他の連関が存すれば、自我は他我と関連してゆく。それがゆえに、我れのみの意識であることができないのである。

　さて、では、「人対事」の場合においてはどうであろうか。

　和辻はガブリエル・タルド（Gabriel Tarde、1843—1904）の解説に依拠して次のように語る。「事」とは、例えば自然現象である。自然現象といえども「我われは感覚から出発して意識するのではない。我われは初めから既に一定の解釈を通じた自然現象を知覚する」⑤のであるという。その際、一般的に私たちはすでに母国語によって名付けられている現象を直接に知覚する。例えば、風や雨、夜明け、夕暮れ、夜などのような自然現象の知覚においては、わたしたちはすでに共同的な同一内容を意

①『倫理学』上巻、76頁参照。
②『倫理学』上巻、76頁参照。
③『倫理学』上巻、76頁。
④『倫理学』上巻、76頁。
⑤『倫理学』上巻、78頁。

識している。

　また、人間の欲望そのものも同様である。それはすでに一定の社会的形態を持っている。例えば食欲である。それはその場所に特有なパンやご飯、肉料理、魚料理などに対する欲望として現れてくる。和辻は、「一定の料理の様式があるということはすでに食欲が単にわれの食欲でなくして共同の食欲であるということの証左である」[①]という。食欲と同様に、衣と住の欲もすでに社会によって規定された共同意識に基づくものといえる。このような共同意識を特に拡大して示しているのが「流行」の現象である。それはすでに時代的国民的に一定している衣食住の様式の内部で、さらに細かな共通の好みとなって現れてくる。

　ここまで述べてきたことから分かるように、和辻の場合、我れの意識の独立性は人対人の関係においても、人対物の関係においても、人対事の関係においても、求め得られるべきものではないのである。それでは、われの意識の独立性はどこに求むべきであろうか。

　和辻は、意識の独立性について、唯一、意識作用の中心、すなわち人格に備わる個別性に「個性点」ともいえるものが想定されると指摘する。

　「我われは見る作用をともにし、考える作用をまでともにしている。しかしこの作用を行う者は同一ではない。我れは我れ、汝は汝として作用している」[②]と和辻は語る。それゆえ、家族や友人、職業、社会、国家などから規定されるあらゆる資格を洗いさっても、なお作用を行う者としての我れが残ってくる。これは誰もともにすることのできない深い個性点であると和

---

① 『倫理学』上巻、78頁。
② 『倫理学』上巻、81頁。

辻は言う。その個性点を最もよく示しているものが「我れの意識」であるとされる。①和辻によれば、いわゆる把持意識において把持されているのは我れのみに属する意識であるという。我れが他人の意識を把持することはできない。したがって、把持的統一は全く個性的である。

例えば、父と母とが愛児の死をともに悲しんでいるとしても、悲しみというような一つの体験を成立せしめているものは個々の意識における把持である。換言すれば、父の悲しみであれ、母の悲しみであれ、愛児との交渉における一切の経過が、それぞれ一つの意識において統一的に把持されていなければ生じてこないものである。

ところが一方で、この見方は意識作用を一方向的な個々人の志向作用として見た場合のことであり、その際、このような作用の統一的把持者は個性的であるかもしれないが、個々の作用が既に他者の作用によって規定されたものであるという視点に立つならば、「間柄」的把持が問われねばならない②、と和辻は主張する。つまり、お互いに浸透する意識の把持は実際に共同的であるといえるのである。こうした間柄的な共同意識について和辻は次のように例示する。

例えば、我れと汝との「間柄」において何か重大な「こと」が話されるとする。③この場合に、我れが聞くのはその音の連続ではなく、汝と我れとの「間柄」を介して表現される「こと（発話内容）」となる。たとえそれが汝によって声をもって語られているとしても、その「こと」自身は汝と我れとのあいだに共同に把持されている。このような共同把持においてのみ汝と我れと

---

① 『倫理学』上巻、81頁参照。
② 『倫理学』上巻、81頁参照。
③ 『倫理学』上巻、81頁参照。

の「間柄」が一つの歴史的展開を持つ全体として成立する。したがって、和辻によれば、実践的現実における言葉の系列は、原初的には「間柄」の表現であって単なる音の連続ではないとされるのである。[①]

　この間柄的共同把握は、言葉のみならず、我われが一つの旋律を「聞く」場合でも起こる。我われは、単なる音の連続を聞くのではなく、直接に音によって語られる意味を受け取ると和辻は述べ、そのことを「火事の三つ半」という例で述べる。[②]それは「火事」と「の」と「三つ半（三つの半鐘）」というそれぞれの語の連続であるが、我われはそれぞれの語を音の連続として聞くのではない。初めより「三つ半」と聞けば、すなわち「火事の警告」として理解するのである。その「三つ半」が一つの表現としてさらに社会的な表現であり得るのは、三つの半鐘の音を想像・把持することが単に個人意識における把持ではなく、共同意識における把持であるということに基づくからである。つまり、共同把持がなければ、「三つ半」は社会的な表現として成り立つことができないといえる。

　要するに、把持の作用はさまざまの作用を統一する作用として最も個人的と考えられるが、しかしながら、概念を介する限り、「把持作用そのものが本質的に個人のものであるのではない」[③]。したがって、意識作用の中心である人格においても意識の個別性のみを求め得られないのである。

　以上のように、心・もの・事のいずれの側から考察しても個人の本質的独立性は消滅してしまう。もちろん、それによって個人が存在しないなどと言うのではない。個々人の存在とい

---

① 『倫理学』上巻、81—82頁参照。
② 『倫理学』上巻、83頁参照。
③ 『倫理学』上巻、83頁。

うものが独立的存在という理解に終始するのではなく、現実に即して、「主体」的かつ「間柄」的存在であるということを和辻は強調するのである。

第三節 人間存在における全体的契機

　前節において、「間柄」を形成する個々の人が究極的には共同性のうちに位置づけられることを見てきた。では、その「間柄」を作る個々の成員をそれとして規定する全体的なるもの、すなわち個人を間柄の内に位置づく個人として現しめる地盤としての共同体というようなものは、いかなる意味を持って把握され得るのであろうか。

　それを考究するために、和辻はまず最も手近な共同態として「家族」を取りあげ、考察している。彼によれば、家の全体はその成員によって成り立ち、しかしそれは単なる各成員の集合ではなく、有機的な組織として考える必要があるという。[1]この成員個々人と全体との関係について和辻は、「そこに個々の成員をそれとして規定する全体の契機がある。個々の成員は全体が部分として現れることによって初めて個々の成員となるのである」[2]と述べる。

　例えば、家のきまりごとについては、家族という有機的全体を拠り所として、親は親として、子は子として、兄弟は兄弟として、それぞれに為すべからざることを持っている。[3]それはこれらの成員が為すかもしれないこと、あるいは為し得ることに対する家としての守るべきふるまい方として慣習的に形成さ

[1]『倫理学』上巻、94頁参照。
[2]『倫理学』上巻、94頁。
[3]『倫理学』上巻、94頁参照。

れていく。そしてこのふるまい方を守る限りにおいてそれぞれの成員が家族の成員であり得るのである。もし家族が共有する安定した理念の範囲内で親が親として、子が子として、妻が妻として、夫が夫としてふるまわなくなれば、家族は本来の意味では崩壊する。

しかしながら、家族関係が解消した際に、かつて家族の成員であった人々が、再び他の人物と新しい家族の成員を形成することは可能である。こうしてみれば、家族の成員は、既存の成員であることをやめてもなお存在する一方で、既存の家族の全体性は成員を失うとともに存在を失ってしまう。

したがって、和辻は家族の全体性を単に一つの有機体として考えることをも控えなければならないと指摘する。[1]確かに家族の成員は全体を現すことにおいて成員となるにはちがいないが、その全体の現し方は、身体の部分である手が全体を構成する部分としての手であるという場合とは全く異なっていると和辻は示唆する。[2]というのは、手は手であって手以外のものであることはできないが、家族の成員はその他の枠組みとも関わりを持ち、自己のアイデンティティを形成し得るからである。例えば、「父」は父でない他の者、すなわち会社では社員、友に対しては友人、祖父に対しては子、さらには日本人、アジア人、人間という類に至るまでさまざまな全体の中に位置づくことになる。これらのものとして行為する時、当然、彼は父として行為しているのではない。だが、逆にいえば、家族の成員である限りにおいては、それ以外の者として行為してはならないということを意味する。こうした事情について和辻は、次のように述べている。「家族の全体性とは個々の人のさまざまの可

---

[1]『倫理学』上巻、93—95頁参照。
[2]『倫理学』上巻、94頁参照。

能性を否定して一定のふるまい方に制限する力である。この制限によって人々は家族の成員となり、成員の間の存在の共同が実現される。それが人間存在における家族的共同態なのである。」①

　したがって、家族的共同態は人間の存在様態であり、実態的なる一つのものなのではない。家族を一つの「全体」と見る場合にも、その全体的なる「一つのもの」があるというわけではない。さらに言うと、全体性は個人を制限する力にほかならず、その全体的なるものはそれ自身においては存しないのである。

　そうすれば、個人と全体者とは、いずれもそれ自身において存せず、ただ他者との連関においてのみ存するといえる。

第四節　和辻倫理学の「相依関係」と「甘え」

　以上が和辻の倫理学に基づく「相依関係」の内容となる。ここで語られる人間関係をふまえれば、これまで検討してきた「甘え」の人間関係との相同性が予測される。では、これらの関係と「甘え」の関係はいかに関わるのであろうか。

　すでに第一部第四章において述べたことから分かるように、「甘え」関係が存立するには、「甘える側」と「甘えさせる側」の両方が必要である。つまり、和辻の見解にしたがうならば、「甘える側」は、甘える対象に甘えさせてもらうことによってはじめて「甘える側」であり得ると同様に、「甘えさせる側」は、甘えさせる対象に甘えてもらうことによってはじめて「甘えさせる側」であり得るのである。しかも、「甘える側」と「甘えさせる側」の「間柄」は、あくまでも「甘える側」と「甘えさせる側」のあいだに作られるのであり、一方が他方をなくして存するはずが

①『倫理学』上巻、95頁。

ないのである。関係をなす双方が要求される点、それに双方が相依関係にある点においては同様の視点といえる。

　加えて、そのような「甘え」の関係は、和辻的「相依関係」同様、単に個と個との並列関係でもなければ、全体に位置づく部分としての個という固定された個と全体の包摂関係でもない。個とかかわるあらゆる個や集団は個と分断できない「間柄」として、個に多様な関わりを持ち、個のアイデンティティの形成に不可欠な存在となる。そうした日本的（近代日本思想に特有）ともいえる関係性において、これまで見てきた多様な「甘え」が成り立つものと考えられる。

　では、和辻の言う「間柄」としての「相依関係」は今日の我々にどのような倫理的意義を示すのであろうか。最後に次章において、この「甘え」を包摂する和辻の「間柄の倫理」がとる生の在り方を提示してみたい。

第十章　和辻哲郎による「生の
哲学」からの提案

　前章において、日本的人間関係を「間柄」という概念で倫理学的に解説する和辻の理論を取り上げ、日本的関係論に見る倫理的意義を考察した。

　「個―社会」「心―肉体」「人―自然」「自己―他者」を分断的に見る多くの西洋的思想に対し、和辻論では、それらは主体の統一的連関の内に位置づけられる。そこでは、意識を介した共同感情・共同把持の事態や、全体性を契機とする具体的な事実に立脚した人間相互の倫理的意義が見出され、自立した相依関係としての「行為的連関」が日本的関係論の特徴とされる。

　こうした見方に立つとき、「甘える―甘えさせる」関係もまた、単なる並列的な関係性を超えて「相依的関係」の内に位置づくことが理解されると指摘した。

　ところが、現在において、対人関係における心理的や精神的な病にかかってしまった人が多くなっている。それは人間関係（殊に甘えられない人間関係）のストレスが病気をもたらす場合が多いと指摘され、その反面において、「甘え」関係が我々の根本的な生の在り方を支えていることが見られる。したがって、本章において、個々人と生の本質とをつなぐ「生の哲学」を展開した『ニイチェ研究』を取り上げ、土居が「甘え」論の根柢に置く、「生の意欲」「非合理な身体性・欲望」「純粋な子ども性」の倫理学的意義を「生の哲学」の視点から明らかにしてみ

たいと思う。

第一節　「生の哲学」に関する和辻のニーチェ論

　本章で対象とする『ニイチェ研究』[①]は和辻のニーチェ論である。これは和辻の哲学者としての出発点を成す書物であり、また日本における初めてのまとまったニーチェの研究書として知られている。和辻の『ニイチェ研究』は、その「自序」に示されるように、ニーチェの『権力意志』の目次と重ねた章構成がとられる。ニーチェは生前その哲学を体系化しようとはしなかったが、和辻は「少なくともそれを整理しようとし」[②]、「またそれは整理せられ得べきものである」[③]と考えている。ただし、このような他者を介した整理のため、ニーチェの輝いた光彩陸離な言説は少なからずその味を損じられるおそれがあるが、ニーチェの根本思想を理解しようとする以上、それはやむをえないことである[④]と和辻は言い添えている。つまり、もしニーチェの言説を「テキスト」とすれば、和辻のニーチェ解釈はその「テキスト」に対する和辻自身の理解であるといえる。このように考えれば、和辻のニーチェ研究はニーチェの言説であるとともに和辻自身の考えも織り込まれているわけである。結局、和辻のニーチェ研究は和辻自身とニーチェの哲学が一つに融合していると考えることもできる。これについては、「自序」における和辻の以下の叙述をもって検証できる。

　「ありの儘のニイチェに觸れようとする人は、ニイチェに直

---

① 和辻哲郎『ニイチェ研究』（筑摩書房、1942年）。
②『ニイチェ研究』、2頁。
③『ニイチェ研究』、2頁。
④『ニイチェ研究』、「自序」の2頁参照。

接打突かつて行くより外に道はない。この研究に現はれたニイチェは厳密に自分のニイチェである。自分はニイチェによりニイチェを通じて自己を表現しようとした。」①この記述は、ニーチェ思想を介した和辻思想の表明を意味する。繰り返すが、それゆえ、『ニイチェ研究』は単なるニーチェが自己を表現している所に関する整理ではなく、同時に和辻が自己を表現しようとしているものといえる。要するに、「真実のニーチェ」を捉えようとしてニーチェの哲学を和辻流に解釈した書物が『ニイチェ研究』ということができる。言い換えれば、『ニイチェ研究』での和辻はニーチェ哲学の含まれている哲学観をニーチェと共有しながら、それを前提としてニーチェ哲学を解釈する立場に立っている。したがって、この『ニイチェ研究』によって日本の倫理学者和辻の目を通したニーチェ哲学が読み解かれるであろうと思われる。

　和辻のニーチェ論における「生の哲学」を把握するには、その関係をうかがい知ることのできる『ニイチェ研究』の本論第一の冒頭の記述が有効である。

　　真の哲學は単に概念の堆積や整齊ではなく、最も直接な内的經驗の思想的な表現なのである。直接にして純粋な内的經驗とは、存在の本質として生きることを意味する。……直接な内的經驗をもし直覺と呼ぶならば、この直覺は「生命そのもの」として生きることなのである。もとより「宇宙生命」は不斷の創造であるから、直接な内的經驗もまた創造的に活らく。自己表現はこの創造活動である。藝術や哲學は皆こゝから生れる。ところでその材料となつてゐる感覺思惟

---

① 『ニイチェ研究』、3頁。

　　などもまた同じく根本力の創造活動から生れたもの
　　である故に、複雑多様に生を彩つてゐるが、それ自ら
　　は象徴として生の本質を暗示してゐるに過ぎ
　　ない。①

上のことをまとめていくと、以下のようである。

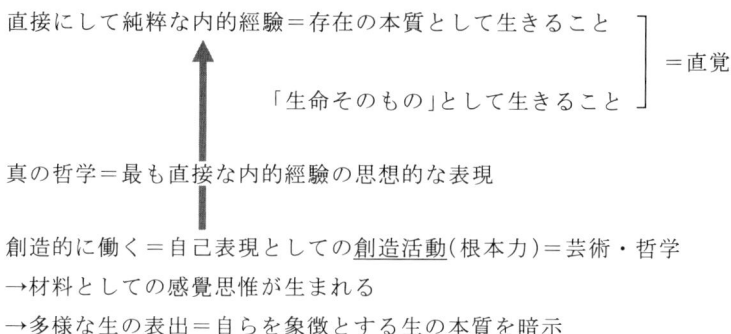

直接にして純粋な内的經驗＝存在の本質として生きること ⎤
　　　　　　　　　　　　　　　　　　　　　　　　　　　　　　＝直覚
　　　　　　　「生命そのもの」として生きること ⎦

真の哲学＝最も直接な内的經驗の思想的な表現

創造的に働く＝自己表現としての創造活動(根本力)＝芸術・哲学
→材料としての感覺思惟が生まれる
→多様な生の表出＝自らを象徴とする生の本質を暗示

　和辻はまず「真の哲学」を「最も直接な内的経験の思想的な表
現」と規定している。その上で、和辻は、この「直接にして純粋
な内的経験」とは、「存在の本質として生きること」と「『生命そ
のもの』として生きること」とし、そのことを「直覚」の営みと重
ね見ている。一般に「直覚」とは、悟性的な思惟を超えて事象の
本質を把握する高次の認識能力と考えられる。だが、ここで和
辻が「直覚」という場合は、単なる真理認識や価値判断を担う能
力というよりも、自己と普遍(実在)とが即応する認識体験のこ
とが意味される(ベルクソンなど)②。

---

① 『ニイチェ研究』、37頁。
② 他に、感情的道徳説を説く功利主義の情緒的直覚説やヘルバルトの美
　　的直覚説がある。

　しかも、この直覚としての「直の内的経験」は、自己の固執した見方を常に更新し、「創造的に働く」ものと考えられた。そうした営みの最たるものが、自己表現としての創造活動である「芸術」や「哲学」であるという。この普遍世界と現象世界をつなぐ「多様な生の表出」の営みこそが、自らを象徴とする生の本質を暗示しているとされる。

　すなわち、ここで語られる和辻の直覚は、ニーチェ同様、固定した物の見方や現象の表層的な事実記述を超え、「存在や生の本質」にまで及ぶ認識体験をさすものと理解できる。以下、引き続き和辻のニーチェ理解を通し、和辻の考える「生の哲学」の内実を見ていこう。

　前述したように、和辻は「真の哲学」へのアプローチの手段を「直接な内的経験」としての「直覚」に見、それは、「生命そのものとして生きること」であるとした。その意味で、「真の哲学」は「単に概念の堆積や整斉」ではない、と強く主張する。[①]概念というものはただ符号であり、その指そうとするものは常に変化し流動している。つまり、「実在」は刻々として流動し融合しているため、符号である概念でもち、「直覚」内容を表現することはできないという。そして、その「直覚」内容を概念化しようとするような体系哲学は「実在」に逆らったもので真の哲学ではないと裁断するのである。

　和辻にとって「哲学」は、その「實在に卽したものとしてのみ真の意義をもつ」[②]と考えられた。この意味でいえば、ニーチェの哲学は「人生を束縛し固定せしむるのではなく、生の流転を擁護しながら益々人生を強烈ならしめる」[③]ものと見られ、真の

---

① 『ニイチェ研究』、37頁参照。
② 『ニイチェ研究』、38頁。
③ 『ニイチェ研究』、38頁。

哲学であると和辻に理解された。

　このように、和辻のニーチェ理解によれば、ニーチェの哲学は概念の論理的整斉というよりむしろ直接なる内的経験の表出であるとされる。では、一般に支持される論理について、和辻はその欠陥をどのような点に見ていたのであろうか。

　和辻によれば、「論理は『同一にする』『同一に見る』といふ根本的傾向、すなわち力の同化合体の活動が、多様なる現實に伴ひ種々に展開したもの」[①]であり、「論理は真實を知ろうとする意志より出たものではなく、この「同一にしよう」とする傾向から出た」[②]のであるとされる。つまり、彼は、現實には「差違」や「雑多」や「混沌」があるにもかかわらず、論理主義が同一律を根本原理に置き、同一化や一般化の上に世界を築き上げたことに批判のまなざしを向けるのである。[③]

　このような見方に立ち、和辻は、論理主義が、われわれの概念や思惟を抽象化・客觀化しようとするのみであり、実在そのものを「そのまま」知ろうとするのではないと批判し、実在の解釈に向かう「生の哲学」の意義を主張するのである。その和辻が描く「生の哲学」モデルがニーチェの思想であり、ニーチェにとっては、論理や理性は流転する生の単なる道具であり一時的な象徴とされた。そこでは、「概念より概念を引き出し、結論の上に結論を、判斷の上に判斷を重ねる」[④]方法は認められない。「靜止不變にして永久に同一なる實在」にとって「論理の假構」を示すにとどまり、「形式に表はすことの出來ない流動の世界を單化し解釋し、生に有用なだけの凝固した形式の世界に造り

---

① 『ニイチェ研究』、72頁。
② 『ニイチェ研究』、73頁。
③ 『ニイチェ研究』、73頁参照。
④ 『ニイチェ研究』、39頁参照。

更へたものである」①と非難される。

　このような批判に立ち、和辻のニーチェ論では、論理主義的な認識の限界を超え、「生」が持つ統一力の有効性を主張する。そのことを和辻は次のように解説する。

　直接な内的経験は、「認識能力によって掴まるゝものではなく、反って認識能力の根本原理となってゐる強い統一力である」②。われわれが「知識の拘束を脱して純粋にこの統一力として生きる時、生は即ち感動であり、認識の形式を絶した認識である」③、とする。

　このように和辻論に見るニーチェは、科学的知識の束縛を斥け、直接にして純粋な生を立脚地として認識能力を見ている。ニーチェにとって「人の知能」④は、「人の本質たる生が不斷の創造をなすに當つての一つの手段である。それは生の統一力を強大ならしめるために、多様にして豊富な生の活動を整理し、特殊な解釋の世界を造り上げる」⑤とされる。しかし、その生と認識について、そこでは、「人の認識能力は決して生の深味に突入し得るものでなく、逆に生の深味から萌え出でたものなのである」⑥と解説が加えられる。つまり、和辻の言うニーチェ論にとっては、生の本質は「人の根本動力本能活動として吾人の内にあり、意識以上の感動として意識を動かしてゐる」⑦と理解される。この本能は「特殊な解釋に汚されない純粋な生の活動であり、吾人の内に具體的な統一力として活らき、また知力より

① 『ニイチェ研究』、76頁。
② 『ニイチェ研究』、40頁。
③ 『ニイチェ研究』、40頁。
④ 『ニイチェ研究』、41頁。
⑤ 『ニイチェ研究』、41頁。
⑥ 『ニイチェ研究』、41頁。
⑦ 『ニイチェ研究』、41頁。

は幾倍か鋭利な直覺として現はれる」[1]という。ここにおいて、「直覺」は、単なる認識能力をさすのではなく、「生の純粋な充実」「生命の強大」を意味し、「人の本質である力」とは、「主客の對立を絶したる「感動」そのもの」を指し示すのである。[2]

　以上の観点にしたがうならば、逆に、知力の堆積によって生を拘束される人や、知力が生のためにあると事実を転覆した形で見る人は、その生を貧弱なものとするとともにその直覚もまたなんらの力を持っていないことになる。その反対に、あらゆる知識や言語や思想などの支配力を脱して「自己」としてあり、その自己が強烈なる生の燃焼である場合、直覚は最も旺盛となる。そして、和辻は、「ニイチェ自らもかくの如き直覺によって生の本質を深く強く體現したのであった」[3]と語る。では、和辻のニーチェ論にとって自己と世界を内奥から突き動かす「力」とは一体どのように描かれるのであろうか。

　和辻は、ニーチェが自ら生き直接に経験した世界は「流動する『力』」である[4]、と見ている。それは、「單一でもなければ全體でもなく唯強烈な『統一力』として活らいてゐる」[5]という。ニーチェは最初にこの「力」について、「欲動」と呼び、その後「力感」「力感の欲求」「権力意識」、さらに「権力の愛」「権力への努力」などと称したが、『ツァラトゥストラはこう言った』[6]に至って「権力意志」と表現を確定した。[7]この「力」は物理学に言う力

---

① 『ニイチェ研究』、41頁。
② 『ニイチェ研究』、41頁参照。
③ 『ニイチェ研究』、42頁。
④ 『ニイチェ研究』、45頁参照。
⑤ 『ニイチェ研究』、45頁。
⑥ ニイチェ（氷上英広訳）『ツァラトゥストラはこう言った（上）』（岩波書店、1995年）。
⑦ 『ニイチェ研究』、45頁参照。

もしくはエネルギーでも力の作用でもなく、「内的意志」①そのものを指した。そして、ニーチェはこの「内的意志」を「権力意志」と呼び、彼の内的経験を表現するのに用いたとされる。

その「権力意志」とはニーチェによれば、「生々発動して絶ゆることなき活動」②であり、「権力を表示せんとする不斷の欲求」③とされる。ニーチェがいろいろな言葉を考慮した上で最後に「意志」という語を確定したのは、和辻によれば、「内より沸き出づる」④というニュアンスを表すためであった。「精神」という語を用いていないのは、意志が持つ内奥からの志向性に普遍へと至る萌芽（keim）を見るからである。また、「権力」という語は、それによって「力」に戦闘と征服との性質のあることを表すために用いられたという。要するに、ニーチェの言う「権力意志」は生きた力、生命の力、自らはたらく力であるとともに、また成長し征服し創造する力であるといえる。

このように、ニーチェは論理や理性・知性を斥け、直接なる内的経験、すなわち直覚を力説し、さらに権力意志でもってそれを表現しようとしたのである。要するに、ニーチェの哲学は最も直接な内的経験の思想的表現であるといえる。それは純粋な生の自己表現であり、権力意志の創造活動である。その生への意志は自ら働きつつある力であり、生命そのものとなる。ニーチェの言う「自己」はすなわちこの権力意志そのものと重なりを持つ。「権力意志は現前の生としてその刻々たる創造を續けてゐる。」⑤しかし、逆に、創造の道具として造られた論理的悟性的な認識に従い、「圖式化的凝固的な傾向の過多なる堆積」

---

① 『ニイチェ研究』、45頁。
② 『ニイチェ研究』、45頁。
③ 『ニイチェ研究』、45頁。
④ 『ニイチェ研究』、45頁。
⑤ 『ニイチェ研究』、49頁。

が進めば、「生の創造的活動」が阻止されることになる。①言語や思想や道徳などは「生に必須なものであるが、一度生を規定しようとする傾向が生じた場合は常に害惡である。現代生活はこの害惡を最も深く受けてゐる」②と和辻は見ている。「人は本来の生を離れて虚偽の生に没入してゐるのである。」③ニーチェは「すべて最も完全なるもの最も自由なるものは現前の生を通じて活らいてゐるのだ。たゞ人がこの切實な生に遠ざかってゐるのだ」と指摘し、「本来の生に歸れ、さうして創造に努めろ」と唱える④。

　以上、ここまで和辻による『ニイチェ研究』にしたがって解説してきたが、再度確認・注意しておきたいことがある。それは、本書のニーチェの文章に引用符がないために、和辻自身の地の文章とニーチェの文章とが区別できないことである。それは多分和辻自身とニーチェが基本的な哲学観を共有しており、和辻がニーチェにできる限り接近しつつその思想を追体験し、ニーチェの思想をなぞるかのようにニーチェに成り代わって叙述をしていることに起因するものと思われる。このことは、ニーチェ論への追思考と解釈の作業について、和辻自身が、「自分はニイチェによりニイチェを通じて自己を表現しようとした」⑤と語っていることからも確認できる。この追体験としての解釈作業こそが、和辻にとって「真の哲学」の営みであり、自己という生の深みから発する表現であったと思われる。したがって、ニーチェと共通の地盤に立ってニーチェ解釈を自己表現として遂行するという意図をもって書かれた和辻の『ニイ

① 『ニイチェ研究』、49頁参照。
② 『ニイチェ研究』、49頁。
③ 『ニイチェ研究』、49頁。
④ 『ニイチェ研究』、49—50頁。
⑤ 『ニイチェ研究』、3頁。

チェ研究』は、オリジナルはニーチェの生の哲学であるにもかかわらず、本書の表現は限りなく和辻自身の生の哲学でもあるといえる。

　本節において、和辻のニーチェ論を「生の哲学」との連関の内に見てきた。次節においては、その「生の哲学」にかかわる「自己」と「生」について、ニーチェの「身体」「権力意志」「進化」「超人」という見方のもとに詳細に見ていく。

第二節　「自己」と「生」をつなぐ視点―身体、権力意志、進化、超人―

　「自己」と「生」を考えるに当たり、和辻は次の問いを立てる。「人とは何であるか。」[①]

　この問題に対し、ニーチェは心霊を斥けて身体の尊重を説いている。彼は人の真奥の秘密は人の身体の内にあるという。「身體に於いては、有機的な變化の最も遠い過去も最も近い過去も、すべて融合渾和して生々たる具體的活動をなしつゝある。また、身體を通じて身體を超え身體より出て、聞くこともできず見ることもできない神秘な流れが流れてゐる。」[②]彼は身体のこのような生々たる活動を権力意志の活動と見ている。身体は種々の性質に現れた権力意志の集合体であると同時に、また一つの権力意志の活動である。「支配しようとする力は多くの力を征服して自己の内に隸屬せしめ、常に新しい創造に努めてゐる。こゝに征服せられた力は、然し、その特質を失つたのではないから、他の多くの力と對立し、またより低き力を支配し、それ自らの活動を續けてゐる。これらの多種多様な力が

――――――――――

① 『ニイチェ研究』、149頁。
② 『ニイチェ研究』、150頁。

諧調音の如く相融合し、一つの方向に進んで行く處に、身體がある」①。このようにさまざまなレベルで内より湧き出て、不断に創造する力が身体にあるとニーチェは言う。しかし、その「力を除外して身體を考へるならば、身體は單に殻に過ぎない」②。したがって、ニーチェの言う身体は、ただ直接に自ら生きることによってのみ触れられるものなのである。

　認識に現れた身体はその象徴に過ぎない。象徴をいくら精微に解剖したところで、何物も掴むことができないのである。したがって、「身體として現はれた權力意志は、知能によっては明らかにされない。この複雑な動的闘係を掴み得るものは唯直覺である」③とニーチェは主張している。

　要するに、人の生は「吾人の知識を以て摑むことの出來ない權力意志の活動としてある」④。知識は生そのものに触れる権能を持つものではない。生に触れようとしても、そこにはただ抽象単化された図式が出来上がるだけである。それゆえ、「生をその儘の活動に於いて直接に摑むには、自ら祕密に充ちた深い生の内部に立ち入り、そこで純粋に生きなければならぬ」⑤。

　さらに、和辻は次の問いを立て「生の意義」の所在を考究する。「人が何のために存在し、何のために活動するか。」⑥

　和辻は、ニーチェがその問いに対し、「権力意志」の視点から生の意義獲得のプロセスとその真の所在について回答しているという。和辻の説明に沿って記述してみよう。

　まず、ニーチェは人を限定しつつあった諸種の信念(例えば、

---

① 『ニイチェ研究』、151頁。
② 『ニイチェ研究』、151頁。
③ 『ニイチェ研究』、152頁。
④ 『ニイチェ研究』、158頁。
⑤ 『ニイチェ研究』、158頁。
⑥ 『ニイチェ研究』、158頁。

意識や観念、価値など）から離れなければならないという。ニーチェはそれらをすべて仮構として、人としてはたらく権力意志の記号符号とする。それらの記号の奥には常に権力意志の絶え間なき征服と創造とがあるため、人は「〜のため」という手段的生き方ではなく、その内奥にある自らの意志の活動の内に生きなければならない。そのことを示すニーチェの次の言葉を和辻は引用する。「何事も人のために爲されるのではなくして、自ら向上し強大とならうとする活動そのものなのである。人類のため社會のための活動ではなくして、自ら成長しようとする活動である。」①このことから、「生」が、外的な功利性に基づくべきでなく、自己の内奥の権力意志に沿う生き方が支持されることが分かる。

　さらに、和辻は、「人が何のために生きるか」②という生の目的について問いを進める。

　この問いに対するニーチェの回答を先取りするならば、我々の生の目的は、「進化」であり、それは「超人」となることである。ただ、そうした「進化の内実」を理解するために、我々はニーチェによる「権力意志」や「個と全体の関係性」についてまず把握する必要がある。

　ニーチェは、「進化」する人の本質を、「征服と創造との努力」③と表現する。その上で、我々を内奥から突き動かす「権力意志」について、「個と全体」の関係から説明する。

　ニーチェは、まず「なぜ権力意志は人という個體として活動するのか」について述べている。「權力意志にあっては、個體は全體であり、全體は個體である。すなわち、全體としての權力

---

① 『ニイチェ研究』、159頁。
② 『ニイチェ研究』、160頁。
③ 『ニイチェ研究』、160頁。

意志が或る特殊の力として活動するのが個體である。特殊と云つても、全體に対しての部分ではない。権力意志は自ら限りなき特殊の力に分れ、また自らその統一に活らく。」[1]いかに小さな特殊の力であっても、権力意志の全体であり、いかに巨大な渾一の力であっても、権力意志の一つの特質である。このような動的な関係は「征服と創造との努力」としてのみある。そして、「権力意志としての個體は、如何に強大となつても常に對立するものを要する」[2]とニーチェは主張している。というのは、征服と創造のためには征服される創造の材料となるものが必要だからである。「もし征服と創造との活動が不可能となれば、そこにはもう何も存しない。それゆえ人としての個體は無意味でない。そこに征服と創造とが絶えず行はれゝばそれで好いのである。」[3]ニーチェは、そうした対立するものに対する個体の征服・創造の活動を「進化」という。

　以上のように、ニーチェによれば、「進化」は絶えず行われる征服と創造とされる。征服は多くの個体を合体し奴隷として、創造は新しい個体を生産していく。これが人の本質としての「進化」の内実である。すなわち、人は不断の征服に不断の創造を重ねる努力によって向上して強大化していくのである。しかし、その「進化」は、ニーチェによれば人類のためにあるのでもなく、社会のために必要とされるのでもない。「進化」は「権力意志」の活動それ自身であるから、「人の進化」は「人の最も内的な力の征服、成長、創造等に於ける純粋にして強烈な活動にある」[4]のである。つまり、人の「進化」は絶えることなく成長する

---

① 『ニイチェ研究』、160頁。
② 『ニイチェ研究』、161頁。
③ 『ニイチェ研究』、161頁。
④ 『ニイチェ研究』、162頁。

生の充実であるとニーチェは言う。

　しかし、知識の凝固的傾向はともすればその流動を阻止しようとする。「権力意志」の薄弱な人にあっては、内より湧き出て働いている生の力が、外より束縛する知識のために完全に阻止されている。ニーチェはこのような凝固する人には「進化」はなく、「人の進化はかゝる凝固に煩はされない場合にのみ可能である」[1]という。生の力、生としてはたらきつつある「権力意志」は、人の内的な力であると共にまた普遍的な力（実在）であり、人の真の自己なのである。ここでは、人にかかわっている内的なものも外的なものも、一切真の自己にかかっているとされる。

　要するに、ニーチェの言う「進化」は全く内面的なものであり、知識的凝固を一切洗い去ったところにあるのであり、内的な力を省き去ったところにはあり得ない。「自己は世界の本質であり、また個人の本質である」[2]という如く、永久の生成進行、すなわちあらゆる「権力意志」の活動はすべて自己においてはじめて結晶を成すものである。つまり、真の個人は、凝固した思想に煩わされることなく、赤裸々に自己を展開できるものであるとニーチェは強調したのである。

　そして、さらに一歩進め、「人の進化」は、「最も内面的に、眞の自由を生き行く人—超人—としてのみあり得る。即ち、まったく獨特な、最も個性的な『生の形式』—超人—としてのみあり得る」[3]とニーチェは説いている。ニーチェによれば、生を凝固せしめようとするあらゆる束縛を大胆に押し退け得るだけの強烈な生がなければ、そして、一挙にして自由に帰る力強い飛躍

---

① 『ニイチェ研究』、163頁。
② 『ニイチェ研究』、165頁。
③ 『ニイチェ研究』、166頁。

がなければ、「超人」は現れないとされる。ニーチェの言う「超人」は人の解放、「権力意志」としての自由な進化を指し示すものといえる。

　以上のように、ニーチェは人の本質が「身体」を通して働きつつある「権力意志」にあることを説き、「進化」の事実をそこに認め、真の自由を生き行く「超人」に求めている。

第三節　「自由」と「幼な子」

　ニーチェ論によれば、前節で説明したように、内奥の権力意志に従い自己超克を果たした人は「超人」になり、「自由」な人となる。ニーチェは「自由」こそが人生の理想価値の最高状態であるという。

　ただし、ニーチェの言う「自由」は選択意志としての「意志の自由」や認識論的自由（ライプニッツら）を意味しない。ニーチェが唱えている「自由」は、実存主義的な生命存在の自由といえ、権力意志に基づいた「自由精神」「自由状態」「自由行動」にかかわる実存の内に成立する。

　この「自由精神」は、自明の真実を常に疑い、人間が無意識的に信じ込む理論の前提を常に破壊する精神でもある。それは、ニーチェによればディオニュソスの歓喜、抵抗に打ち克つ喜び、真夜中の時計、ツァラトゥストラのワルツであると喩えられる。「自由行動」は偉大な創造と破壊であり、大いなる肯定となる。そこでは絶え間ない自己超克を通して生の意義が追求され、人生の苦悩や虚無を引き受けつつ超えていく存在論的な変容が想定される。以下、ニーチェの『ツァラトゥストラはこう言った』の記述にしたがって、変化の内実を描いてみよう。

　ニーチェによれば、この種の変容は「覚醒」「孤独」「夢幻」「酔歓」の四つの側面で現れ、「駱駝」「獅子」「幼な子」へと高まる精

神の三変化として具現化される。

　「覚醒」は懐疑と批判を意味し、「孤独」は審美と超越を指し示す。「夢幻」は世界に対する実践的美的体験を意味し、「酔歓」は芸術化における世界そのものに対する投入を表徴する。つまり、「覚醒」「孤独」「夢幻」「酔歓」はニーチェの自由論を形成する象徴概念といえる。そして、このカルテットをアンサンブルする人こそが「自由な人間」なのである。「自由な人間」は結果ではなく、プロセスであり、彼は常に自己超克への道を歩いている。ニーチェは、この「自由な人間」への道のりを、以下のように、「駱駝」「獅子」「幼な子」の三段階にわたる精神の変容として描き出す。

　　　畏敬の念をそなえた、たくましく、辛抱づよい精神にとっては、多くの重いものがある。その精神のたくましさが、重いものを、もっとも重いものをと求めるのである。[①]

　ニーチェはこの辛抱づよい精神を「駱駝」に喩える。「駱駝」は重く苦しいものを身に引き受ける動物である。しかし、「駱駝」は、批判も創造もできず、ただ荷物を背負うことしかできない。だが、精神は次の段階に向かい得る。ニーチェはその段階を次のように語る。

　　　もっとも荒涼たる砂漠の中で第二の変化がおこる。ここで精神は獅子となる。精神は自由をわがものにして、おのれの求めた砂漠における支配者になろうと

---

① 『ツァラトゥストラはこう言った（上）』、37頁。

する。①

「獅子」は否定精神であり、狂気と破壊を意味する。「獅子」は新しい価値そのものを創造することはできないが、新たな創造のための自由を手にいれるには既存の価値を破壊するこの獅子の力が求められる。そのことをニーチェは次のように述べる。

> 自由を手にいれ、なすべしという義務にさえ、神聖な否定を与えてすること、わが兄弟たちよ、このためには獅子が必要なのだ。②

> 精神はかつては「汝なすべし」を自分のもっとも神聖なものとして愛した。いま精神はこの最も神聖なものも、妄想と恣意の産物にすぎぬと見ざるをえない。こうしてかれはその愛していたものからの自由を奪取するにいたる。この奪取のために、獅子が必要なのである。③

この「獅子」の段階において、我々は新しい価値を創造することはできないが、新しい価値を築くための権利を獲得することができるのである。そして、この段階を経て、最後に「自由」に向けた変容が語られる。

それをニーチェは、「幼な子」への変化として描き出す。では、なぜ既存の一切のとらわれを破壊し奪取する獅子が、さら

---

① 『ツァラトゥストラはこう言った（上）』、38頁。
② 『ツァラトゥストラはこう言った（上）』、39頁。
③ 『ツァラトゥストラはこう言った（上）』、40頁。

に「幼な子」にならなければならないのであろうか。この問い
に対し、ニーチェは次のように答えている。

　　　幼な子は無垢である。忘却である。そしてひとつ
　　の新しいはじまりである。ひとつの遊戯である。ひ
　　とつの自力で回転する車輪。ひとつの第一運動。ひ
　　とつの聖なる肯定である。そうだ、創造の遊戯のため
　　には、わが兄弟たちよ、聖なる肯定が必要なのである。
　　ここに精神は自分の意志を意志する。世界を失って
　　いた者は自分の世界を獲得する。①

　すなわち、ニーチェが最も危惧する「生に対する形式的な外
からの縛り（とらわれ）」を破壊・燃焼し尽くした先に、一切の主
知主義的要素を持たない根源存在として立つ純粋無垢な「幼な
子」が想定されたのである。そして、そこに至り、真の「自由」な
創造が可能となると見るのである。この「幼な子」は、ニーチェ
にとって、人間の生命の真の創造と回帰であり、自由な人生の
最高状態に位置づけられた。

----

① 『ツァラトゥストラはこう言った（上）』、40頁。

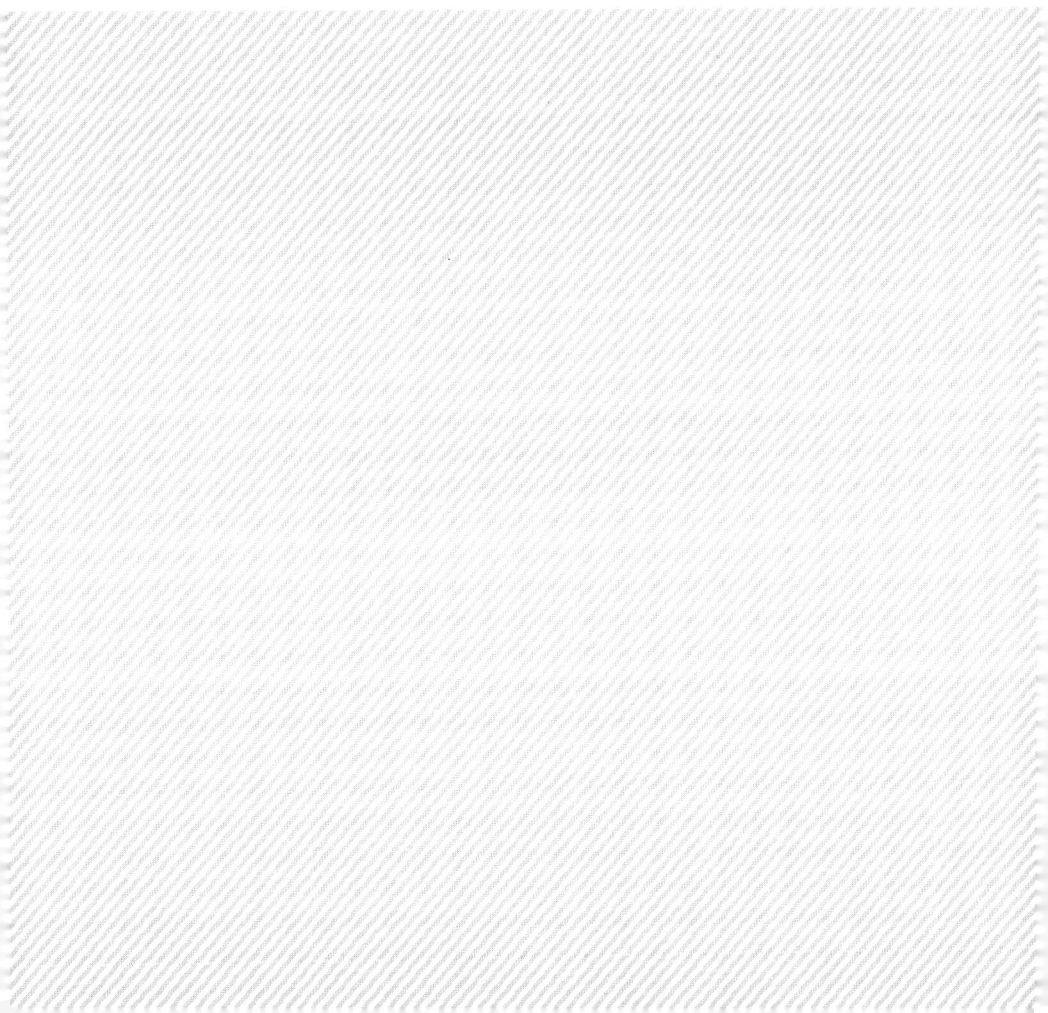

結　章

　本書は、「甘え」に焦点を当て、日本人の心理や人間関係の特徴を、言語分析と日本倫理思想の両面から読み解こうとする試みであり、全三部の構造をとった。第一部において、土居の「甘え」論を軸に、「甘え」の言語的考察を、第二部において、「甘え」に関する倫理的概念の考察を、第三部において、「甘え」の倫理学的意義を、それぞれ扱った。具体的には、本書では、以下の手順をふみ、「甘え」の構造特徴を描出し、その倫理学的意義を提示した。本書を終えるに当たり、本論の各章で得た内容を概括した上で、「生の哲学」に依拠した今日的な意味で「甘え」を読み解くための視点を示唆的に言及したい。

　まず、序章においては、本論で進める「甘え」に関する言語学・哲学・倫理学的アプローチについて、軸となる土居の「甘え」論の相対的位置と課題を示した上で、全体の見取り図を示し、研究の意義に言及した。

　次に、第一部(「甘え」の言語的考察)の概要を略述してみたい。

　第一章(土居健郎の「甘え」論)においては、「甘え」論として著名な土居の『「甘え」の構造』を分析し、「甘え」をめぐる四つの観点、①「甘え」の起源が母子間の感情にあること、②「甘え」が親子間から対人関係一般に拡張されること、③「甘え」が自他一致を目指す情緒的・非論理的心理であること、④「甘え」が日本に独特なものであることを描出した。さらに、言語・文化に関する限定的な土居の類型化を超え、多角的な「甘え」の意味論的分析や倫理的な構造解明の必要性を指摘した。

　次に、第二章(「甘え」の言語的起源)においては、「甘え」の言

語上の起源と発達について、土居の語源分析を検証する形で考察した。その結果、「甘え」の語に先行すると思われる同根の形容詞「甘い」の語源的解釈と音韻・音声学的考察を通し、「甘え」の心理上の原型が、「乳児の乳や母への憧憬」「現実界の美味への人間の感動」「天上界の天・神への人間の感嘆賛美」にあるという結論を導くことができた。

第三章(「甘え」の語彙と心理」)においては、土居が列挙・分類した「甘え」と関係のある一連の語を、語彙のクラスター分析を参照しつつ、それぞれの語が表す現象を分析することで、「甘え」の許容の有無と「甘え」行動の有無という二つの尺度を利用して再分類を行った。

第四章(「甘え」概念の議論と新たなコード化)においては、土居の「甘え」の定義を巡ってなされた議論を概観した上で、「甘え」「甘える」「甘えさせる」という三語の素朴概念に関する調査結果を引用し、「双方向」「一体感」「依存」「期待」「自制」という「甘え」の五要素を指摘するとともに、「甘え」のやりとりにおける請う者・承認する者がそれぞれ「甘え」に対してどのような認識を持っているかを示すことができた。

続いて、第二部(「甘え」の倫理的概念に関する考察)の内容を概説してみたい。

第五章(欲求としての愛)においては、土居による「甘え」と「自己愛」の親和性に関する指摘を承け、「自己愛」を「愛されたい欲求」として捉えることで、「甘え」の考察に愛という要素が関わってくることを指摘した。

第六章(フィリア)においては、「甘え」における愛の形態を、アリストテレスにおけるフィリア(友愛)を通して考察した。その結果、フィリアを特徴付けるのは授受における均等性であることを指摘し、この性質ゆえにフィリアは現実的で持続的な「甘え」にふさわしいという結論に導くことができた。

　第七章(人間関係と孤独感)においては、誰かと関わることへの欲求が満たされないことによって生じる孤独感が、「一体感」への欲求としての「甘え」と起源において似ているということを指摘した。

　最後に、第三部(「甘え」の倫理学的意義)について略述してみたい。

　第八章(和辻哲郎の「人間」論)においては、「甘え」を考える際、前提として議論される人間関係について、日本的な倫理学的視点を提示する和辻の思想を通し、その内実を明らかにすることができた。

　第九章(和辻哲郎の「間柄」論)においては、日本的人間関係を「間柄」という概念で倫理学的に解説する和辻の理論を取り上げ、日本的関係論に見る倫理的意義を考察した。「個―社会」「心―肉体」「人―自然」「自己―他者」を分断的に見る多くの西洋的思想に対し、和辻論では、それらは主体の統一的連関の内に位置づけられることが判明した。そこでは、意識を介した共同感情・共同把持の事態や、全体性を契機とする具体的な事実に立脚した人間相互の倫理的意義が見出され、自立した相依関係としての「行為的連関」が日本的関係論の特徴とされる。こうした見方に立つとき、「甘える―甘えさせる」関係もまた、単なる並列的な関係性を超えて「相依的関係」の内に位置づくことが理解された。

　第十章(和辻哲郎による「生の哲学」からの提案)においては、和辻が日本的伝統への強い関心のもと、情意を「欲動の力の体系」の起点として、個々人と生の本質とをつなぐ「生の哲学」を展開した『ニイチェ研究』を取り上げた。ここでは、急速な科学技術や情報化の進展によって我々の根本的な生の在り方が揺らぐ現在において、「甘え」関係をふまえた「生の哲学」の意義を示すことができた。

　では、最後に、以上の本書の考察を通して得られた「甘え」の今日的意義について、読み解きの鍵とする「生の哲学」の視点から示唆してみたい。

　和辻のニーチェ論において「生」はいかなるものと理解されていたのかについて振り返ってみよう。

　最終章（第三部第十章）の考察によれば、「生」は、直接にして純粋な内的経験となるとき初めて真に創造的なものとなると考えられた。それは、現象の表層的な概念記述に終始するものではなく、存在の本質として生きることであり、生命そのものとして生きることとされた。実在は流動しつつ融合するため、概念に基づく論理主義では、その真相に到達できない。和辻とニーチェ両者にとって、生の深みに位置づく実在とかかわる術は、意識を超えて感動として意識を動かしている根本動力としての本能に委ねられる。それは、「純粋な生の活動」であり、我々の内にある具体的な統一力であり、それを彼らは「直覚」と呼んだ。ここでは、現象を深い目で洞察・解釈する「直覚」こそが、実在の理解に求められた。

　加えて、和辻のニーチェ論では、生の目的を「進化」と捉え、我々の「生」の本質が創造的な自己超克にあると考えられた。その自己超克は、我々を内奥から突き動かす個（特殊）と全体（普遍）を即応的に貫く「権力意志」によって遂行される。しかも、その「権力意志」としての力は、理性や知性ではなく、まさに意志と直結する我々の身体を通してほとばしり出すと考えられた。生を、その動的な活動において、その深みを直接に具体的に捉えるためには、身体の次元から発せられる声（直覚）に依拠する必要があるという。そして、我々を規定する外的なとらわれを根源的な実在の声にしたがい、破壊して超克する先に、人間進化の理想としての「自由」や「超人」をニーチェは見るのであった。

　そして、最終章で最後に取り上げたニーチェによる「精神の三変容」は、まさにそうした真の自由を体現する「超人」へと至る実存的変容の道筋であった。それは、無意識にまで浸透する形式化された権威に盲目的にしたがう心（駱駝）を破壊し尽くし（獅子）、その先に見出される対象知を越えた純粋な境位（幼な子）へ向けた変容として描かれる。

　以上の和辻のニーチェ論をふり返るならば、土居の「甘え」論が根柢に据える「生の意欲」「非合理な身体性・欲望」「純粋な子ども性」の見方は和辻・ニーチェ的な「生の哲学（解釈学）」との親和性を示し、理論として十分検討に値するものと理解できる。土居の描く「甘え」は、直接的な乳児の母への存在信頼に加え、身体や意欲を通した大いなる実在への帰還・一体化をも視野に入れる。そのような根源的な生の実存的欲求が満たされず、絆が断ち切られ、知性の肥大化により、知・情・意、心身が分離を来すとき、生命に力強さが失われ心身に不安定さがもたらされる。本書で取り上げた、相手に対して素直に、上手に甘えられないことによる「生」の不安もまたこうした文脈において考察可能である。そこでは、孤立した知性的な個（自他関係の希薄化）を超えた、和辻の言う「人と人との間柄」としての実践的行為連関が求められるであろう。

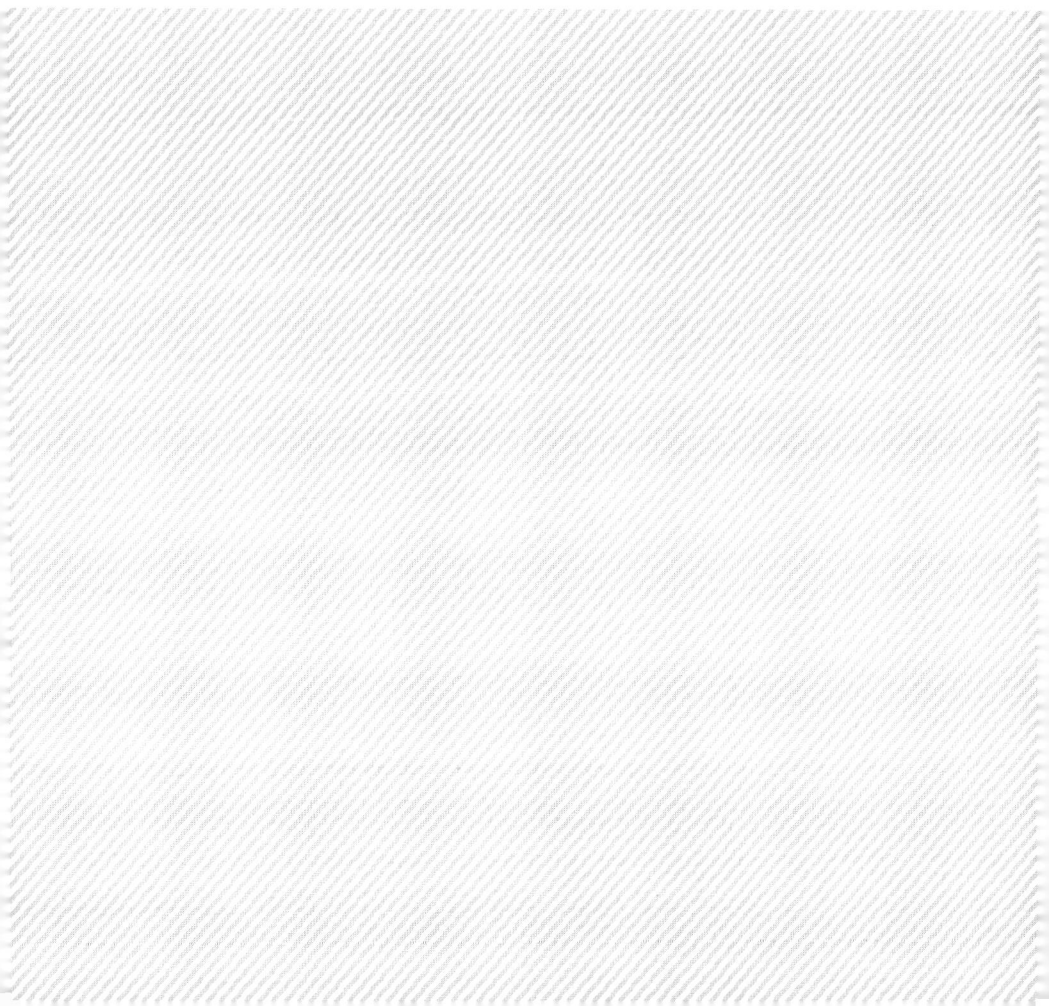

参考文献

中国語文献

著書

伯格森,2019.创造进化论[M].刘霞,译.天津:天津人民出版社.

柏拉图,2013.会饮篇[M].北京:商务印书馆.

柏拉图,2018.理想国[M].顾寿观,译.吴天岳,校注.长沙:岳麓书社.

大卫·理斯曼,2002.孤独的人群[M].王昆,朱虹,译.南京:南京大学出版社.

丹尼尔·珀尔曼,罗兰·米勒,2011.亲密关系[M].5版.北京:人民邮电出版社.

弗洛伊德,2003.弗洛伊德心理哲学[M].杨韶刚,等,译.北京:九洲图书出版社.

和辻哲郎,2006.风土[M].陈力卫,译.北京:商务印书馆.

李御宁,2009.日本人的缩小意识[M].张乃丽,译.济南:山东人民出版社.

李兆忠,1998.暧昧的日本人[M].北京:金城出版.

鲁思·本尼迪克特,1990.菊与刀[M].吕万和,熊达云,等,译.北京:商务印书馆.

鲁思·本尼迪克特,2011.菊与刀[M].田伟华,译.北京:中国画报出版社.

尼采,2006.瞧,这个人[M].黄敬甫,李柳明,译.北京:团结出版社.

尼采,2007.查拉图斯特拉如是说[M].杨震,译.北京:九州出版社.

尼采,2009.扎拉图斯特拉如是说[M].黄明嘉,娄林,译.上海:华东师范大学出版社.

尼采,2010.尼采著作全集第4卷:查拉图斯特拉如是说[M].孙周兴,译.北京:商务印书馆.

尼采,2018.权力意志[M].孙周兴,译.上海:上海人民出版社.

尚会鹏,1998.中国人与日本人[M].北京:北京大学出版社.

尚会鹏,徐晨阳,2004.中日文化冲突与理解的事例研究[M].北京:中国国际广播出版社.

盛邦和,1997.透视日本人[M].上海:文汇出版社.

孙基隆,2004.中国文化的深层结构[M].桂林:广西师范大学出版社.

土居健朗,2006.日本人的心理结构[M].阎小妹,译.北京:商务印书馆.

亚里士多德,2019.尼各马可伦理学[M].北京:商务印书馆.

易中天,2006.闲话中国人[M].上海:上海文艺出版社.

丸山真男,1991.日本的思想[M].宋益民,吴晓林,译.长春:吉林人民出版社.

吴增定,2005.尼采与柏拉图主义[M].上海:上海人民出版社.

論文

陈勇,2004.儒学与当代生命伦理学[J].中国医学伦理学(1):11-12.

杜勤,2012.「遠慮・察し」式的交际方式——以「甘え」的心理分析为中心[J].日语学习与研究(3):94-99.

李朝辉,2006.言外之意与日本人的娇宠心理[J].社会科学(3):73-79.

梁懿文,2016.夏目漱石作品中自我封闭式主体成因探析[J].文艺评论(6):118-124.

刘利,2018.伯格森生命哲学的直生论解读[J].自然辩证法通讯(6):115-120.

尚会鹏,1991.中日传统家庭制度的比较研究[J].日本学刊(4):

104-119.

尚会鹏,1995a."单一社会"与"社会的单一化"——日本文化漫谈之二[J].当代亚太(3):71-73.

尚会鹏,1995b.一幅日本民族性的透视图——战后50年再读《菊花与刀》[J].日本问题研究(4):62-68.

尚会鹏,1997a.中根千枝的"纵式社会"理论浅析[J].日本问题研究(1):85-91.

尚会鹏,1997b.日本人的"恩义意识"[J].当代亚太(1):74-76.

尚会鹏,1997c.土居健郎的"娇宠"理论与日本人和日本社会[J].日本学刊(1):123-132.

尚会鹏,2006a.许烺光的"心理—社会均衡"理论及其中国文化背景[J].国际政治研究(4):130-143.

尚会鹏,2006b."缘人":日本人的"基本人际状态"[J].日本学刊(3):129-140.

尚会鹏,2007.论日本人自我认知的文化特点[J].日本学刊(2):95-108.

尚会鹏,2008.论日本人感情模式的文化特征[J].日本学刊(1):60-73.

尚会鹏,2010.日本社会的"个人化":心理文化视角的考察[J].日本学刊(2):82-95.

尚会鹏,2012."和谐"与"伦人"的心理社会均衡模式心理文化学角度的探讨[J].国际政治研究(2):81-92.

尚会鹏,刘曙琴,2003.文化与日本外交[J].日本学刊(3):76-89.

宋剑华,2017."中间物"与鲁迅自己的生命哲学[J].华中师范大学学报(人文社会科学版)(2):90-99.

宋敏,2018.异化与回归:生命哲学视域下儿童教育探析[J].现代中小学教育(7):1-4.

王晓晨,2016.尼采生命哲学中的教育思想[J].开封教育学院学报(8):9-11.

吴钧, 2017. 鲁迅与尼采生命哲学思想比较研究 [J]. 燕山大学学报（哲学社会科学版）(6): 7-11.

游国龙, 2014. 缘人：日本人论的方法论透析——从心理人类学到心理文化学 [J]. 日本学刊 (3): 137-154.

日本語文献

著書

青木保, 2013.「日本文化論」の変容 [M]. 東京：中央公論新社.

アリストテレス, 1973. アリストテレス全集 13：ニコマコス倫理学 [M]. 加藤信朗, 訳. 東京：岩波書店.

アリストテレス, 2003. ニコマコス倫理学 [M]. 高田三郎, 訳. 東京：岩波書店.

アリストテレス, 2014. ニコマコス倫理学 [M]. 神崎繁, 訳. 東京：岩波書店.

アンソニー・ストー, 1999. 孤独 [M]. 三上晋之助, 訳. 東京：創元社.

梅棹忠夫, 加藤秀俊, 小松左京, 他, 1971. 日本人のこころ―文化未来学への試み― [M]. 東京：朝日新聞社.

エーリッヒ・フロム, 1951. 自由からの逃走 [M]. 日高六郎, 訳. 東京：創元社.

大島正健, 1931. 国語の語根とその分類 [M]. 東京：第一書房.

大塚久雄, 川島武宜, 土居健郎, 1976.「甘え」と社会科学 [M]. 東京：弘文堂.

大槻文彦, 1967. 大言海 [M]. 新訂版. 東京：冨山房.

大原健士郎, 1996.「家族愛」、その精神病理―依存の心理と孤独の心理― [M]. 東京：講談社.

沖森卓也, 2010a. はじめて読む日本語の歴史 [M]. 東京：ベル

出版.

沖森卓也,2010b.日本語史概説[M].東京:朝倉書店.

折口信夫,折口信夫全集刊行会,1996.万葉集辞典[M].東京:中央公論社.

加藤和生,2006.Functions and structure of amae[M].福岡:九州大学出版会.

加藤秀俊,1966.人間関係―理解と誤解―[M].東京:中央公論社.

加納喜光,2014.漢字語源語義辞典[M].東京:東京堂出版.

金子晴勇,2003.愛の思想史―愛の類型と秩序の思想史―[M].東京:知泉書館.

岸根敏幸,2016.古事記神話と日本書紀神話[M].京都:晃洋書房.

北山修,2014.意味としての心―「私」の精神分析用語辞典―[M].東京:みすず書房.

木村敏,1972.人と人との間―精神病理学的日本論―[M].東京:弘文堂.

清水秀晃,1984.日本語語源辞典―日本語の誕生―[M].東京:現代出版.

九鬼周造,1998.「いき」の構造[M].東京:岩波書店.

熊野純彦,2009.和辻哲郎―文人哲学者の軌跡―[M].東京:岩波新書.

倉野憲司,1990.古事記[M].東京:岩波書店.

ゲオルグ・ジンメル,1994.生の哲学[M].茅野良男,訳.東京:白水社.

小島憲之,直木孝次郎,西宮一民,2007.日本書紀(上)[M].東京:小学館.

藤堂明保,1963.漢字の語源研究―上古漢語の単語家族の研究―[M].東京:学燈社.

齋藤孝,土居健郎,2001.甘え・病い・信仰[M].東京:創文社.

坂本太郎,家永三郎,井上光貞,他,1993a.日本書紀(上)[M].新装版.東京:岩波書店.

坂本太郎,家永三郎,井上光貞,他,1993b.日本書紀(下)[M].新装版.東京:岩波書店.

坂本太郎,井上光貞,家永三郎,他,1994.日本書紀(一)[M].東京:岩波書店.

佐竹昭広,山田英雄,工藤力男,他,2013.万葉集[M].東京:岩波書店.

下司晶,須川公央,関根宏朗,他,2015.「甘え」と「自律」の教育学[M].横浜:世織書房.

小学館,1984.日本大百科全書1[M].東京:小学館.

小学館国語辞典編集部,2006.日本国語大辞典 第1巻[M].精選版.東京:小学館.

ジョン・ボウルビィ,1991a.母子関係の理論Ⅰ:愛着行動[M].黒田実郎,大羽蓁,岡田洋子,他,訳.東京:岩崎学術出版社.

ジョン・ボウルビィ,1991b.母子関係の理論Ⅱ:分離不安[M].黒田実郎,岡田洋子,吉田恒子,訳.東京:岩崎学術出版社.

ジョン・ボウルビィ,1991c.母子関係の理論Ⅲ:対象喪失[M].黒田実郎,横浜恵三子,吉田恒子,訳.東京:岩崎学術出版社.

白鳥庫吉,1980.神代史の新研究[M].東京:岩波書店.

新村出,1965.広辞苑[M].東京:岩波書店.

新村出,1976.語源を探る[M].東京:教育出版株式会社.

菅野雅雄,2014.現代語訳:日本書紀:抄訳[M].東京:KADOKAWA.

杉本つとむ,2005.語源海[M].東京:東京書籍株式会社.

鈴木三重吉,1955.古事記物語[M].東京:角川書店.

武田祐吉,1948.日本書紀(全6冊)[M].東京:朝日新聞社.

多田道太郎,2014.しぐさの日本文化[M].東京:講談社.

立木康介, 2012. 精神分析の名著―フロイトから土居健郎まで―[M]. 東京:中央公論新社.

津田左右吉, 1932. 日本書紀[M]. 東京:岩波書店.

デイヴィッド・リースマン, 1993. 孤独な群衆[M]. 加藤秀俊, 訳. 東京:みすず書房.

テオプラストス, 2003. 人さまざま[M]. 森進一, 訳. 東京:岩波書店.

土居健郎, 1961. 精神療法と精神分析[M]. 東京:金子書房.

土居健郎, 1965. 精神分析と精神病理[M]. 東京:医学書院.

土居健郎, 1967. 精神分析[M]. 東京:創元社.

土居健郎, 1969. 漱石の心的世界[M]. 東京:至文堂.

土居健郎, 1971.「甘え」の構造[M]. 東京:弘文堂.

土居健郎, 1975.「甘え」雑稿[M]. 東京:弘文堂.

土居健郎, 1977. 漱石文学における「甘え」の研究[M]. 東京:角川文庫.

土居健郎, 1979. 精神医学と精神分析[M]. 東京:弘文堂.

土居健郎, 1985. 表と裏[M]. 東京:弘文堂.

土居健郎, 1987.「甘え」の周辺[M]. 東京:弘文堂.

土居健郎, 1989.「甘え」さまざま[M]. 東京:弘文堂.

土居健郎, 1990. 信仰と「甘え」[M]. 東京:春秋社.

土居健郎, 1993. 注釈「甘え」の構造[M]. 東京:弘文堂.

土居健郎, 1994. 漱石の心的世界―「甘え」による作品分析―[M]. 東京:弘文堂.

土居健郎, 1997.「甘え」理論と精神分析療法[M]. 東京:金剛出版.

土居健郎, 2000a. 土居健郎選集 2:「甘え」理論の展開[M]. 東京:岩波書店.

土居健郎, 2000b. 土居健郎選集 5:人間理解の方法[M]. 東京:岩波書店.

土居健郎, 2000c. 土居健郎選集 6:心とことば[M]. 東京:岩波

書店．

土居健郎，2000d.土居健郎選集8：精神医学の周辺［M］.東京：岩波書店．

土居健郎，2001a.「甘え」の構造［M］.新装版.東京：弘文堂．

土居健郎，2001b.続「甘え」の構造［M］.東京：弘文堂．

土居健郎，2004.「甘え」と日本人［M］.東京：朝日出版社．

土居健郎，キャサリン・ルイス，松田義幸，2005.甘えと教育と日本文化［M］.東京：PHPエディターズ・グループ．

土居健郎，2007.「甘え」の構造［M］.増補普及版.東京：弘文堂．

戸川敬一，人見宏，木村直司，他，1994.マイスター独和辞典［M］.3版.東京：大修館書店．

中西進，2008.平仮名でよめばわかる日本語［M］.東京：新潮社．

中根千枝，2015.タテ社会の人間関係［M］.東京：講談社現代新書．

夏刈康男，石井秀夫，宮本和彦，2006.不確実な家族と現代［M］.東京：八千代出版．

ニーチェ，1993a.ニーチェ全集12：権力への意志（上）［M］.東京：筑摩書房．

ニーチェ，1993b.ニーチェ全集13：権力への意志（下）［M］.東京：筑摩書房．

ニーチェ，1994.ニーチェ全集15：この人を見よ［M］.東京：筑摩書房．

ニーチェ，1995a.ツァラトゥストラはこう言った（上）［M］.氷上英広，訳.東京：岩波書店．

ニーチェ，1995b.ツァラトゥストラはこう言った（下）［M］.氷上英広，訳.東京：岩波書店．

日本大辞典刊行会，1972.日本国語大辞典　第1巻［M］.東京：小学館．

日本大辞典刊行会，1990.日本国語大辞典　第1巻［M］.縮刷版.東京：小学館．

野田又夫, 1978. 世界の名著27：デカルト[M]. 東京：中央公論社.

芳賀綏, 2007. 日本語の社会心理[M]. 東京：人間の科学新社.

芳賀綏, 2013. 日本人らしさの発見―しなやかな「凹型文化」を世界に発信する―[M]. 東京：大修館書店.

橋本進吉, 1950. 国語の音韻の変遷[M]. 東京：岩波書店.

橋本進吉, 1980. 古代国語の音韻に就いて　他二編[M]. 東京：岩波書店.

浜口恵俊, 1982. 間人主義の社会―日本―[M]. 東京：東洋経済新報社.

浜口恵俊, 1988.「日本らしさ」の再発見[M]. 東京：講談社.

広松渉, 他, 1998. 哲学・思想事典[M]. 東京：岩波書店.

フロイト, 1929. 世界大思想全集22：精神分析学[M]. 中村古峡, 訳. 東京：春秋社.

フロイト, 1978a. 精神分析入門（上）[M]. 高橋義孝, 下坂幸三, 訳. 東京：新潮社.

フロイト, 1978b. 精神分析入門（下）[M]. 高橋義孝, 下坂幸三, 訳. 東京：新潮社.

ペプロー・アン・レシシアン, パールマン・ダニエル, 1988. 孤独の心理学[M]. 加藤義明, 監訳. 東京：誠信書房.

マイケル・バリント, 1999. 一次愛と精神分析技法[M]. 森茂起, 枡矢和夫, 中井久夫, 訳. 東京：みすず書房.

増井金典, 2010. 日本語源広辞典[M]. 東京：ミネルヴァ書房.

松岡静雄, 1929. 日本古語大辞典：語誌編[M]. 東京：刀江書店.

松村明, 2006. 大辞林[M]. 3版. 東京：三省堂.

松本直樹, 2016. 神話で読みとく古代日本―古事記・日本書紀・風土記―[M]. 東京：筑摩書房.

丸山真男, 1961. 日本の思想[M]. 東京：岩波新書.

南雅彦, 2013. 言語と文化[M]. 東京：くろしお出版.

源了圓, 1999. 義理と人情[M]. 復刻版. 東京：中央公論新社.

宮川敬之,2015.和辻哲郎―人格から間柄へ―[M].東京:講談社.

本居宣長,1940.古事記伝(一)[M].東京:岩波書店.

山口勧,1999.日常語としての甘えから考える[M]//北山修.「甘え」について考える.東京:星和書店:31–45.

李御寧,2007.「縮み」志向の日本人[M].東京:講談社.

ルース・ベネディクト,2008.菊と刀[M].角田安正,訳.東京:光文社.

ローマン・ヤーコブソン,1973.一般言語学[M].田村すず子,村崎恭子,長嶋善郎,他,訳.東京:みすず書房.

ロマーン・ヤーコブソン,2008.音と意味についての六章[M].花輪光,訳.東京:みすず書房.

和辻哲郎,1942.ニイチェ研究[M].東京:筑摩書房.

和辻哲郎,1965a.倫理学(上)[M].東京:岩波書店.

和辻哲郎,1965b.倫理学(下)[M].東京:岩波書店.

和辻哲郎,1965c.倫理学[M].改版.東京:岩波書店.

和辻哲郎,1979.風土―人間学的考察―[M].東京:岩波書店.

和辻哲郎,2007a.人間の学としての倫理学[M].東京:岩波書店.

和辻哲郎,2007b.倫理学 [M].東京:岩波書店.

論文

浅原千鶴,山口一,井上直子,2016.青年期の甘えの諸相―親密性と個人志向性の否定的側面―[J].桜美林大学心理学研究(6):1–17.

淡野将太,前田健一,2006.日本人大学生の社会的行動特徴としての甘えと文的自己観の関連[J].広島大学心理学研究(6):163–174.

稲垣実果,2005.自己愛的甘えに関する理論研究[J].神戸大学発達科学部研究紀要(1):1–10.

稲垣実果,2007.自己愛的甘え尺度の作成に関する研究[J].パーソナリティ研究(1):13-24.

犬塚悠,2018.和辻哲郎における「信仰」と「さとり」─近代日本倫理学の一軌跡─[J].国際日本学(15):257-279.

上地雄一郎,宮下一博,2005.コフートの自己心理学に基く自己愛的脆弱性尺度作成[J].パーソナリティ研究(1):80-91.

衛藤吉則,2019.生の哲学としてのシュタイナー教育思想─ニーチェ思想との連続性─[J].Habitus(23):17-30.

小倉定枝,2012.保育者を目指す学生は「子どもの主体性」をどう捉えるか─個の「主体性」と「集団の規範」との葛藤場面に着目して─[J].千葉経済大学短期大学部研究紀要(8):41-50.

小野浩司,2017.母音交替─「雨」の基底は「あめ」と「あま」のどちらであるか─[J].佐賀大学教育学部学校教育講座(2):13-20.

柿本佳美,2009.「甘え」の構造と「自由」・「権利」の両義性[J].京都女子大学現代社会研究(12):39-51.

加藤和生,2007.対人相互作用過程における社会的メタ認知の特徴─甘え構造・交流の分析を通して─[J].心理学評論(3):297-312.

鎌田学,2003.和辻哲郎と風土性の問題[J].弘前学院大学文学部紀要(39):33-41.

神谷真由美,上地雄一郎,岡本裕子,2012.大学生の自己愛的甘えと誇大型・過敏型自己愛傾向との関連[J].広島大学心理学研究(12):127-136.

北後佐知子,2010.乳幼児期における「無力さ」と「意志の力」の関連について─フレーベル教育思想への人間学的考察[J].佛教大学教育学部学会紀要(9):223-234.

北山修編,2018.〈特集〉「甘え」について考える[J].京都大学大学院教育学研究科附属臨床教育実践研究センター紀要(21):

34–57.

栗原優,2010.甘えは日本人だけに特有か[J].慶応義塾大学日吉紀要英語英米文学(56):7–25.

黄萍,2017.「甘え」の言語的起源[J].Habitus(21):43–58.

黄萍,2018a.人間関係と孤独感と甘え[J].Habitus(22):65–82.

黄萍,2018b.「甘え」「甘える」「甘えさせる」の素朴概念のコード化[J].Journal of comparative study of language and culture(5):145–151.

黄萍,2019.「甘え」の倫理学的意義—和辻哲郎の倫理学を通して[J].Habitus(23):67–86.

黄萍,2020a.「甘え」の語彙と心理[J].Journal of comparative study of language and culture(5):148–157.

黄萍,2020b.「甘え」の倫理学的意義—和辻による「生の哲学」からの提案—[J].Habitus(24):55–74.

黄萍,2020c.和辻・ニーチェの「生の哲学」による土居の「甘え」論解釈:「生の意欲」「非合理な身体性・欲望」「純粋な子ども性」の視点から[J].ぷらくしす(21):1–14.

小林美緒,加藤和生,2007.「情緒的甘え」と「道具的甘え」との区別の実証的意義の検討—青年期の甘え欲求の違いと甘えタイプからの分析を通して—[J].九州大学心理学研究(8):41–52.

小林美緒,加藤和生,2009.情緒的・道具的甘え尺度の構成の試み[J].九州大学心理学研究(10):81–92.

小林美緒,加藤和生,2015.甘えタイプ尺度(ATS)の構成の試み—自己観・他者観の視点から—[J].青年心理学研究(2):95–108.

小林隆児,2012.「甘え」と「アタッチメント」に焦点を当てた母子治療—「関係をみる」ことをめぐって—[J].西南学院大学人間科学論集(1):109–128.

櫻井歓,下司晶,須川公央,他,2011.「甘え」の比較人間形成論—

土居理論と教育現実のあいだ―[J].現代教育フォーラム(20):195-206.

資生堂社会福祉事業財団,2019.〈特集〉「甘え」と社会的養護[J].世界の児童と母性(86):1-68.

柴田崇浩,2011.母親の呼称と役割取得に関する発達的研究―女子短期大学生への意識調査をとおして―[J].埼玉女子短期大学研究紀要(23):219-230.

鈴木貞美,2008.和辻哲郎の哲学観、生命観、芸術館―『ニイチェ研究』をめぐって―[J].日本研究(38):315-348.

関根広朗,2011.自律と他律のあいだで―土居健郎の「甘え」理論における能動性の問題―[J].東京大学大学院教育学研究科基礎教育学研究室研究室紀要(37):39-46.

高橋潔,1999.日本文化キー・ワード概念にからむ語用論[J].社会言語科学(2):2-12.

高松雄太,加藤和生,2001.「甘え」「甘える」「甘えさせる」とは何か?―素朴概念の分析を通して―[J].九州大学心理学研究(2):159-167.

竹内隆一,1992.人間と人間性について[J].室蘭市医師親交会誌(13):1-16.

武藤整司,1996.デカルトにおける愛の区別について[J].近世哲学研究(3):40-62.

谷口和美,2009.子どもの心身発達に関する「甘え」の今日的意義」―人的環境要因としての家族の係わりを考える―[J].心身健康学(1):27-34.

谷口麻衣,吉武久美子,2008.青年期の子どもが母親からの甘えを受容するには―過去の母子関係の視点から―[J].長崎純心大学心理教育相談センター紀要(7):103-109.

玉瀬耕治,岩室暖佳,2004.関係性の維持と個の主張に関わる問題―「甘え」とアサーションを指標として―[J].奈良教育大学

紀要(1):37-45.

玉瀬耕治,相原和雄,2005.相互依存的甘えと思いやり,屈折した甘えと自己愛的傾向[J].奈良教育大学紀要(人文・社会)(1):49-61.

角田幸彦,2015.和辻倫理学をめぐって[J].明治大学教養論集(503):79-130.

豊岡めぐみ,2019.デカルトにおける「愛」の情念[J].哲学・思想論厳(37):14-27.

鳴海日出志,2007.日本語とアイヌ語の起源―「母」の比較言語の例―[J].語源研究(45):66-73.

成瀬武史,1975.日本語における「甘え」の構造[J].明治学院論厳(225):81-101.

西村馨,2009.愛は甘いか?「甘え」の分析と集団療法プロセス[J].国際基督教大学学報I-A教育研究(51):65-77.

平山朝治,2002.母性社会論の脱構築[J].日本研究:国際日本文化研究センター紀要(24):125-145.

古屋敷恒平,玉瀬耕治,2012.「甘え」と先延ばしの関係[J].帝塚山大学心理学部紀要(1):147-163.

松井富美男,2014.M.ブーバーの〈我―汝〉の生成論―『我と汝』を中心にして―[J].Habitus(18):69-83.

松井富美男,2017a.マルティン・ブーバーの人間相互論―〈我―汝〉と〈我と汝〉の相違―[J].広島大学大学院文学研究科論集(77):1-19.

松井富美男,2017b.記紀の天地創造―「天地初発之時」の解釈をめぐって―[J].Habitus(21):59-72.

村田将太郎,2012.ニーチェにおける自我と自己―自己超克について―[J].学習院大学人文科学論集(XXI):33-49.

森田明,2001.現代社会と「甘え」―土居健郎著『甘え・病・信仰』を読んで―[J].創文社(433):23-26.

森田明,2012.「甘え」とBelonging―日本の心性とアメリカにおけるBelongingの衰退との出会い―[J].東洋法学(3):113-129.

八木公子,1987.感情語における「甘えの語彙」―その位置づけと内部構造―[J].言語生活(432):70-80.

安本美典,2001.「あげる」「くれる」表現と「甘えの構造」[J].言語(5):74-79.

山内友三郎,1978.プラトンのエロース論に対する倫理学的考察[J].大阪教育大学紀要第I部門人文科学(3):133-134.

湯浅弘,2002.和辻哲郎と生の哲学―『ニイチェ研究』を中心に―[J].比較思想研究(29):62-69.

英語文献

著作

BENEDICT R, 1946. The chrysanthemum and the sword [M]. New York: Houghton Mifflin.

BOWLBY J, 1951. Maternal care and mental health [M]. Geneva: World Health Organization.

GORDON S, 1976. Lonely in America [M]. New York: Simon & Schuster.

MIJUSKOVIC B L, 1979. Loneliness in philosophy, psychology, and literature [M]. Assen: Van Gorcum Publishers.

RIESMAN D, GLAZER N, DENNEY R, 1950. The lonely crowd [M]. New Haven: Yale University Press.

SULLIVAN H S, 1953. The interpersonal theory of psychiatry [M]. New York: Norton.

WEISS R S, BOWLBY J, 1973. Loneliness: the experience of emotional and social isolation [M]. Mass: MIT Press.

論文

FROMM REICHMANN F, 1959. Loneliness[J]. Psychiatry: journal for the study of interpersonal processes(22): 1-15.

JAKOBSON R, 1960. Why "mama" and "papa"?[M]//JAKOBSON R. Selected writings, Vol.1: phonological studies. The Hague: Mouton: 538-545.

JONG-GIERVELD J D, 1978. The construct of loneliness: components and measurement[J]. Essence issues in the study of ageing dying and death(4): 221-237.

KATO K, 1995. Empirical studies of amae interactions in Japanese and American adults: constructing relational models and testing the hypothesis of universality[D]. Ann Arbor, MI: University of Michigan.

MURDOCK G P, 1959. Cross-language parallels in parental kin terms[J]. Anthropological linguistics(9): 1-5.

ネット文献

汉典"妈"字的基本解释[EB/OL].[2020-03-03].https://www.zdic. net/hans/妈.

"妈"上古音[EB/OL].[2020-03-03].https://www.zdic.net/zd/yy/ sgy/妈.

"妈"中古音[EB/OL].[2020-03-03].https://www.zdic.net/zd/yy/ zgy/妈.

국립국어원[EB/OL].[2020-09-01].https://www.korean.go.kr/front/ onlineQna/onlineQnaView.do?mn_id=216&qna_seq=65195.

朝日新聞[EB/OL].（2006-02-04)[2017-10-09]. https://travel- lab.info/tech/pblog/article.php?id=54.